再生铜行业污染防治和环境管理系列丛书

ZAISHENG YOUSE JINSHU
GONGYE POPs WURAN FANGZHI
ZHI DUOSHAO

再生有色金属工业POPs污染防治知多少

吴广龙　任永　邵立南 / 主编

中国环境出版集团 · 北京

图书在版编目（CIP）数据

再生有色金属工业 POPs 污染防治知多少 / 吴广龙，任永，邵立南主编．—北京：中国环境出版集团，2022.1

ISBN 978-7-5111-5017-2

Ⅰ．①再… Ⅱ．①吴… ②任… ③邵… Ⅲ．①二次金属—有色金属企业—持久性—有机污染物—污染防治—研究 Ⅳ．① X505

中国版本图书馆 CIP 数据核字（2022）第 006000 号

出 版 人 武德凯
责任编辑 孙 莉
责任校对 任 丽
封面设计 彭 杉

出版发行 中国环境出版集团
（100062 北京市东城区广渠门内大街 16 号）
网　　址：http://www.cesp.com.cn
电子邮箱：bjg1@cesp.com.cn
联系电话：010-67112765（编辑管理部）
010-67112736（第五分社）
发行热线：010-67125803，010-67113405（传真）
印　　刷 北京中科印刷有限公司
经　　销 各地新华书店
版　　次 2022 年 1 月第 1 版
印　　次 2022 年 1 月第 1 次印刷
开　　本 787 × 1092 1/16
印　　张 9.75
字　　数 166 千字
定　　价 65.00 元

“再生铜行业污染防治和环境管理系列丛书”编委会

《再生有色金属工业 POPs 污染防治知多少》编委会

主　编

吴广龙　　任　永　　邵立南

编委会成员（按姓氏笔画排序）

王昊杨　　王钼婕　　李永辉　　郑　哲

序 Preface

有色金属是重要的基础原材料，广泛应用于电力、交通、建筑、机械、电子信息、航空航天和国防军工等领域，在保障国民经济建设和社会发展等方面发挥了不可或缺的作用。

我国10种有色金属中，铜的消费量和产量常年位居世界前列，但由于国内铜矿资源禀赋不足，再生铜资源已成为缓解供需矛盾的重要方式。2020年我国再生电解铜产量达到235.2万t，再生铜行业已发展成为我国有色金属工业的重要组成部分。但再生铜行业存在着环境管理水平参差不齐、环保投入差异性较大，部分企业专业技术人员缺乏、运行管理不完善等问题。特别是再生铜行业生产过程中排放的有毒有害特征污染物二噁英，它具有持久性、生物蓄积性、长距离迁移性和高生物毒性等特点，对全球环境和人类健康构成了极大的潜在危害。因此，目前在提高公众的认知、促进再生铜行业二噁英污染的防治方面仍有很大的提升空间。

为广泛共享近年来的研究成果，实现再生有色金属工业可持续发展，生态环境部对外合作与交流中心组织出版“再生铜行业污染防治和环境管理系列丛书”。丛书内容丰富、科学系统、实用性强，可供从事再生铜行业环境保护领域的工程技术、科研和管理人员参考，也可供高等学校环境工程及相关专业师生参阅。相信本套丛书一定会为培养我国有色金属行业环保高素质人才、提升污染治理和环境管理的水平、实现产业振兴发挥积极作用。

沈保根

前言 Foreword

有色金属的再生利用不仅能够促进资源的循环利用，还有利于降碳、减碳，是有色金属工业实现“双碳”目标的重要方向。作为 POPs 之一的二噁英是再生有色金属工业生产过程中排放的特征污染物之一，它具有持久性、生物蓄积性、长距离迁移性和高生物毒性等特点，近年来越来越受到公众的关注。因为公众获取相关知识的渠道有限，且社会上存在部分不科学的观点，所以公众对再生有色金属工业二噁英有片面的认知和误解。为使公众更加科学、全面地了解再生有色金属工业二噁英的情况，提高个人的防护意识，特出版本书。

全书以通俗易懂的语言和图文并茂的形式，对二噁英的基础知识、环境风险、管控行动、技术和管理措施、保护环境日常行动等进行了生动形象的阐述。

本书第 1 章由吴广龙编写，第 2 章由李永辉编写，第 3 章由王昊杨编写，第 4 章由王钼婕编写，第 5 章由郑哲编写。全书由任永、邵立南统稿、校核，由吴广龙定稿。

在本书的编写和出版过程中，联合国开发计划署的洪云、王京京和中国再生资源产业技术创新战略联盟理事长李士龙做了大量的协调与指导工作，提供了宝贵的意见，在此一并表示感谢。

同时，本书的编写和出版得到了联合国开发计划署和生态环境部对外合作与交流中心联合实施的全球环境基金“再生铜冶炼行业无意产生类持久性有机污染物（UPOPs）减排示范”项目的支持，在此对项目团队给予的帮助表示感谢。

书中引用的文献资料统一列在参考文献中，部分做了取舍、补充和变动，对于没有说明的，敬请读者或原资料引用者谅解，在此表示衷心的感谢。

由于编者的时间及水平有限，书中不足和疏漏之处在所难免，敬请读者予以指正。

编者

2021 年 12 月

目录 Contents

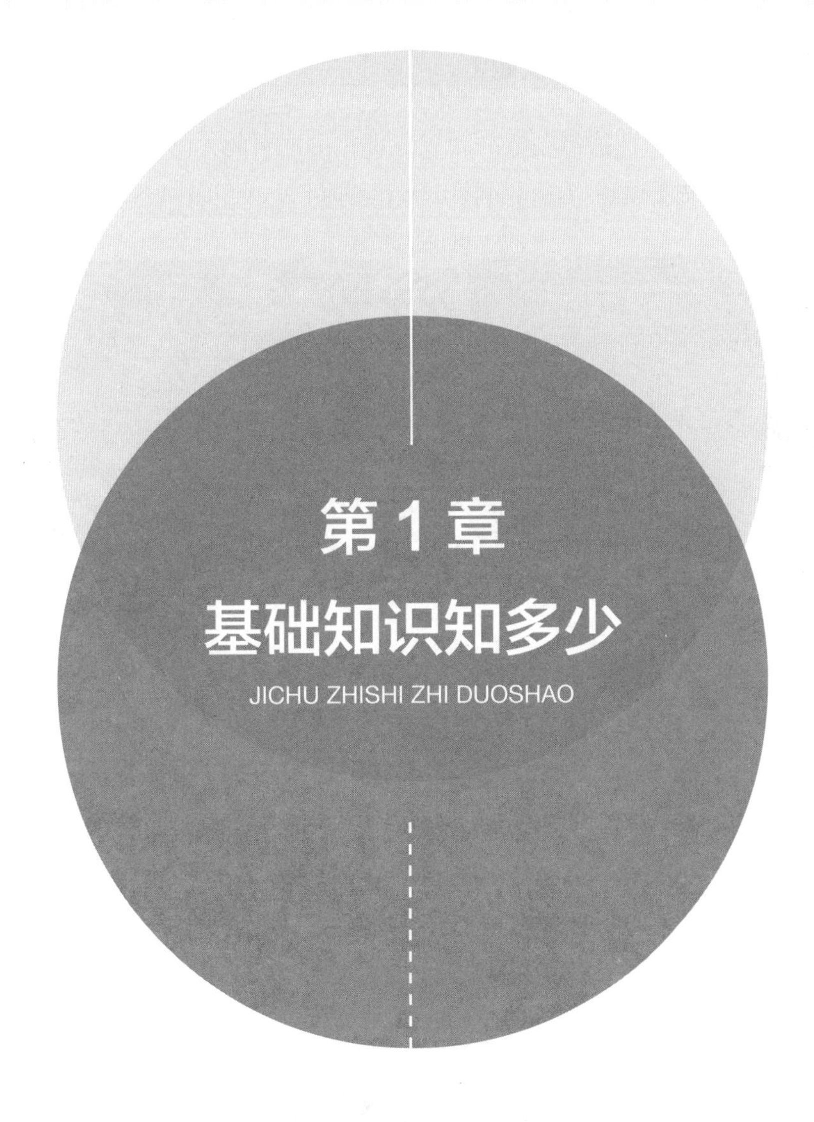

第1章 基础知识知多少

JICHU ZHISHI ZHI DUOSHAO

POPs

ZAISHENG YOUSE JINSHU
GONGYE POPs WURAN FANGZHI
ZHI DUOSHAO

1 什么是再生有色金属工业？

再生有色金属工业，是指对在生产和生活过程中产生的，已经失去原有全部或者部分使用价值的废杂有色金属等，经过回收、加工处理，生产出有色金属及其合金的工业。

2 再生有色金属生产有何意义？

有色金属具有良好的循环再生利用性能，其废料的再生利用有利于环境保护和资源可持续利用，具有投资少、能耗低、节能减排、经济效益显著的特点，是有色金属工业发展的重要趋势。发展再生有色金属产业，多次循环利用有色金属，既能保护原生矿产资源，又能节约能源、减少污染。

3 再生有色金属生产的原料有哪些?

再生有色金属来源于社会的生产、流通、消费等各个领域，具有类别多、成分复杂、多含有其他金属或有机物夹杂的特性[1]。再生有色金属生产的原料主要包括：

①有色金属冶炼、加工产生的废品和废料；

②消费领域淘汰、报废的有色金属产品；

③大量进口的再生有色金属原料。

4 POPs 是什么?

POPs 是英文 Persistent Organic Pollutants 的缩写，中文名称为“持久性有机污染物”。它具有持久性、生物蓄积性、长距离迁移性和高生物毒性等特点，是一类可通过各种环境介质（如大气、水、土壤、生物等）长距离迁移，并对人类健康和生态环境造成严重危害的，天然的或人工合成的，或其他人类活动过程中无意产生的有机污染物[2]。其具有以下特性：

①能够在环境中持久地存在。因为 POPs 对生物降解、光解、化学分解作用有较高的抵抗能力，所以它们一旦被排放到环境中，将难以被分解。

②能蓄积在食物链中，对有较高营养等级的生物造成影响。POPs 具有低水溶性、高脂溶性的特点，导致其可以从周围媒介中富集到生物体内，并通过食物链的生物放大作

用达到使人中毒的浓度。

③能够经过长距离迁移到达偏远地区。POPs 所具有的半挥发性使其能够以蒸汽形式存在或者吸附在大气颗粒上，从而在大气环境中做远距离的迁移。同时，这一适度挥发性又使它们不会永久停留在大气中，而是能够重新沉降到地面。

④在一定的浓度下会对接触 POPs 的生物造成有害或有毒影响。POPs 大都具有“三致”（致癌、致畸、致突变）效应。

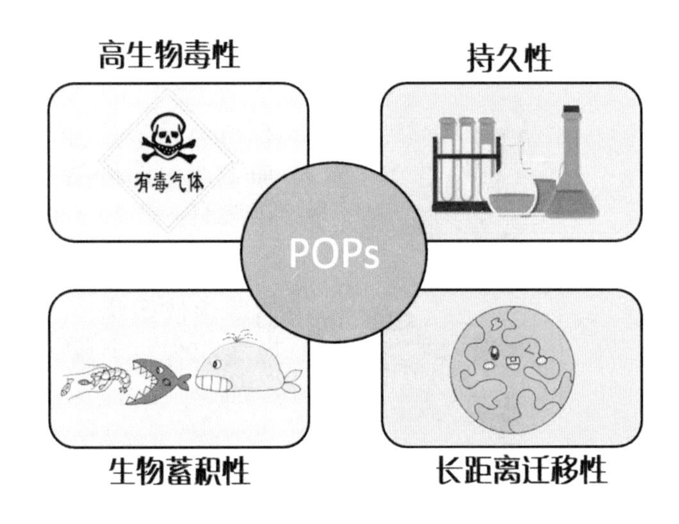

5 再生有色金属工业 POPs 的来源有哪些?

再生有色金属原料中废旧的导线、铸件、轴承等有色金属废料中很可能夹杂废塑料、油漆或涂层等。这些有机夹杂物如果在熔炼过程中不完全燃烧，则会生成二噁英等持久性有机物[3]。

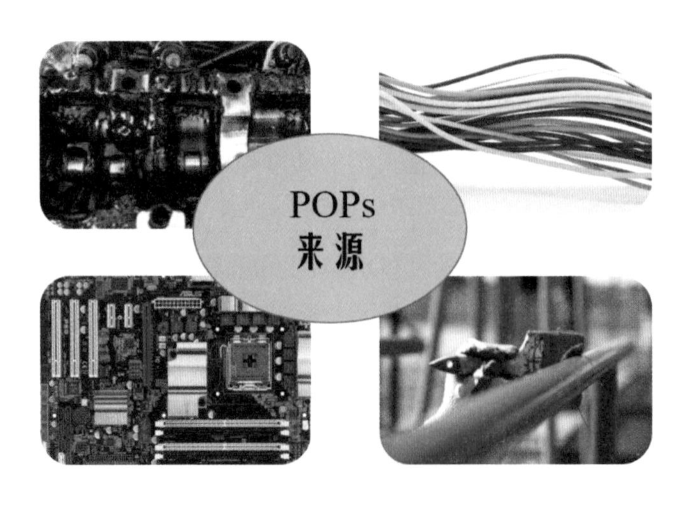

6 再生有色金属生产过程中会产生哪些种类的 POPs？

再生有色金属生产过程中产生的 POPs 主要是二噁英类，是个单环有机化合物和工业上没有用处的副产物[4]。

7 二噁英是一类什么样的化合物?

在实际应用中，二噁英是二噁英类（dioxins）的一个简称，它是多氯二苯并二噁英（polychlorinated dibenzo-*p*-dioxins，PCDDs）和多氯二苯并呋喃（polychlorinated dibenzofurans，PCDFs）的总称，通常以 PCDD/Fs 表示[5]。

PCDD/Fs 是由 2 个或 1 个氧原子联结一对被 2 个或多个氯原子取代的苯环组成的类化合物，化学结构如下图所示。每个苯环可以取代 1～4 个氯原子。由于氯原子的取代数目和位置不同，构成了 75 种 PCDDs 和 135 种 PCDFs。

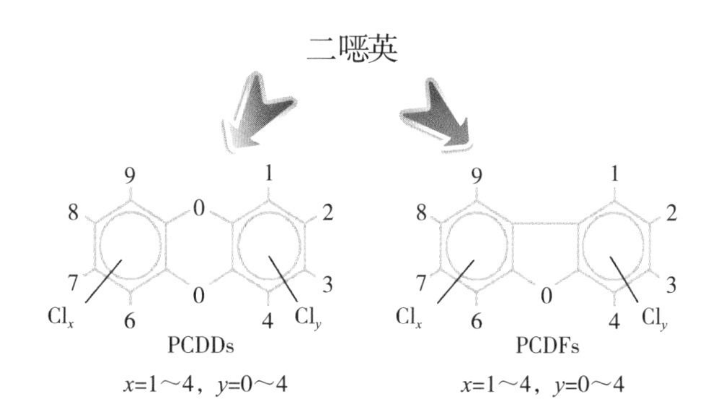

8 二噁英在再生有色金属生产过程中是如何产生的?

对于 PCDD/Fs 的形成，碳、氧、氢、氯是必不可少的，无论它们是元素形态、无机化合物形态还是有机形态均可以。有研究表明，在某些特定过程中，碳元素必须是苯环结构[6]。

再生有色金属冶炼过程中 PCDD/Fs 的生成途径有以下 4 种：

①生产原料中已经存在 PCDD/Fs。生产物料在燃烧时原有的 PCDD/Fs 未完全破坏或分解，所以继续在固体残渣和烟气中存在。

②高温气相生成[7]。相对简单、具有短链的氯化了的碳氢化合物首先转化成氯苯（chlorobenzene），然后转化为多氯联苯（PCBs），最终在高温条件下转化成 PCDFs，PCDFs 进一步反应并转化成 PCDDs。

③从头合成。烟气中的大分子碳与有机氯或无机氯在 250～450℃的温度中经烟气中某些具有催化性的成分（如铜、铁等过渡金属及其氧化物）催化生成 PCDD/Fs[8]。

④前驱物合成[9]。不完全燃烧和飞灰表面的非均相催化反应可形成多种有机前驱物，如 PCBs 和氯酚。这些前驱物最终生成 PCDD/Fs。

在再生有色金属工业中，生成二噁英最有可能的途径有高温气相生成和前驱物合成两种。

9 再生有色金属工业二噁英产排污节点是什么？

再生有色金属工业二噁英产排污节点为以下 3 个冶炼环节：

①加料熔化环节。加料熔化环节是 PCDD/Fs 排放的主要环节，分析结果显示，该环节是最容易产生 PCDD/Fs 的环节。由于加料与熔融过程同时进行，因此造成有色金属废料中含氯有机物不完全燃烧，从而产生 PCDD/Fs 的前驱物，而且烟气温度低，前驱物的分子在低温区被飞灰上的铜、铁及其氧化物附着并催化，最终形成 PCDD/Fs。

②氧化环节。氧化环节也是 PCDD/Fs 产生的主要环节。除加料工序外，为了避免热

量损失，炉门会一直处于关闭状态。这会导致加料熔化阶段的杂质一直存在于熔炉内。有机成分在加料熔化阶段不充分燃烧的残渣一部分会进入烟道，一部分会残留在熔体中，并在氧化初期参与反应。在此期间，各种金属氧化物也将会产生。研究表明，氯苯在氧化条件下经部分金属氧化物催化能够直接生成 PCDD/Fs[10]。

③还原环节。还原环节也是 PCDD/Fs 产生的主要环节。此时熔体中有机物已经基本不存在了。为了充分还原炉中的有色金属，过量的煤粉被喷入炉内，最终造成不完全燃烧。不完全燃烧的煤粉能提供导致 PCDD/Fs 生成的碳源，在附着于烟气净化设施和烟道中烟尘的催化下，PCDD/Fs 最终生成[11, 12]。

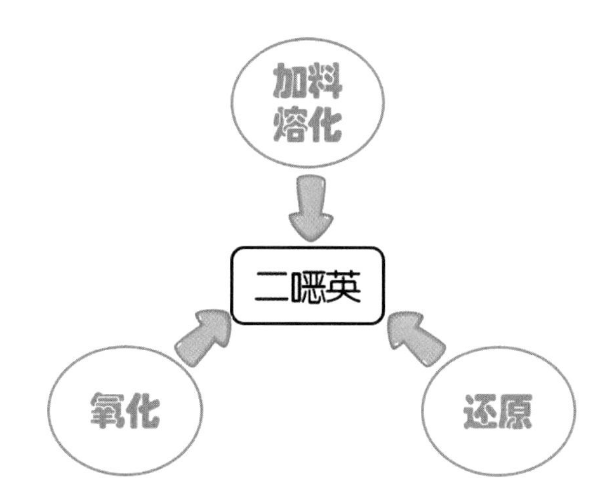

10 二噁英形成的影响因素有哪些？

相关研究表明[13]，可以影响热过程中形成 PCDD/Fs 的因素包括以下几种：

①技术。PCDD/Fs 可以在燃烧条件较差的情况下，或者在监控不完善的冶炼炉以及尾气净化装置中生成。各种燃烧技术的差异很大，包括很简单条件下的落后冶炼炉和非常复杂且使用最佳可行技术（BAT）的冶炼炉。

②温度。据报道，PCDD/Fs 在冶炼炉以及尾气净化装置中形成的温度范围为 200～650℃；最大生成量的温度范围为 200～450℃，其生成率最高时的温度为 300℃左右。

③金属元素。铜、铁、锌、铝、铬和锰这些金属元素都具备催化 PCDD/Fs 合成、氯化和脱氯化的能力。

④硫元素和氮元素。硫元素和一些含氮化合物会抑制 PCDD/Fs 的合成，但有可能会导致其他一些副产物的增加。另外，飞灰或石英砂混合的碱性吸附剂（CaO/KOH、

Na_2CO_3、Al_2O_3、NH_3 及白云石）能够通过中和酸性气体减少氯源，从而抑制二噁英类物质的生成。

⑤氯元素。氯元素是必须存在的，无论是以有机、无机还是以元素的形式。飞灰中的氯元素或者气态的、元素态的氯对 PCDD/Fs 的形成是至关重要的。

工业化学过程同热过程一样[14]，也需要碳元素、氧元素、氢元素及氯元素。一般认为，PCDD/Fs 通过化学过程生成需要满足以下条件：

①较高的温度（>150℃）；

②碱性的条件；

③金属催化；

④紫外辐射或者其他辐射。

在含氯化合物生成过程中，生成 PCDD/Fs 的倾向按以下顺序排列：氯酚>氯苯>氯代酯类>含氯无机物。

参考文献

[1] 李历铨，郑洋，李彬，等 . 我国再生铜产业污染排放识别与绿色升级对策 [J]. 有色金属工程，2018，8(1)：133-138.

[2] 生态环境部对外合作与交流中心．POPs 知多少之二噁英 [M]. 北京：中国环境出版集团，2019.

[3] 田亚静，姜晨，吴广龙，等 . 再生铜冶炼过程多氯萘与二噁英类排放特征分析与控制技术评估 [J]. 环境科学，2015，36(12)：4682-4689.

[4] 马德金 . 二噁英类化学物质的分类及其危害分析 [J]. 科技传播，2011(3)：72-73.

[5] 耿静．二噁英类的控制政策及效果分析 [M]. 北京：冶金工业出版社，2011.

[6] 曹磊，王海舟 . 冶金过程中有机污染物二噁英的形成机理与监测 [J]. 冶金分析，2004，24(5)：25-34.

[7] 曹玉春，严建华，李晓东，等 . 垃圾焚烧炉中二噁英生成机理的研究进展 [J]. 冶金分析，2005(9)：15-22.

[8] Stanmore B R. The formation of dioxins in combustion systems [J]. Combustion and Flame，2004，136(3)：398-427.

[9] Nganai S，Lomnicki S M，Dellinger B. Formation of PCDD/Fs from the copper oxide-mediated pyrolysis and oxidation of 1,2-dichlorobenzene [J]. Environmental Science Technology，2011，45(3)：1034-1040.

[10] Liu G R，Zheng M H，Liu W B，et al. Atmospheric emission of PCDD/Fs，PCBs，hexachlorobenzene and pentachlorobenzene from the coking industry [J]. Technology，2009，43(24)：9196-9201.

[11] Xhrouet C，De P E. Formation of PCDD/Fs in the sintering influence of the raw materials [J]. Environmental & Technology，2004，38(15)：4222-4226.

[12] United Nations Environment Programme. Guidelines on BAT and guidance on BEE [R]. 2004.

[13] 金艳 . 有色金属工业持久性有机污染物风险评价与管理对策研究 [D]. 长沙：中南大学，2007.

第 2 章 环境风险知多少

HUANJING FENGXIAN ZHI DUOSHAO

POPs

ZAISHENG YOUSE JINSHU
GONGYE POPs WURAN FANGZHI
ZHI DUOSHAO

11 二噁英具有怎样的理化性质?

二噁英被称为地球上毒性最强的化学物质[1]，已被确认为是一类高致癌物，接触二噁英还可引起严重的生殖和发育问题[2]。2001 年联合国环境规划署（UNEP）已将其列入 12 种优先控制的有机污染物名单。

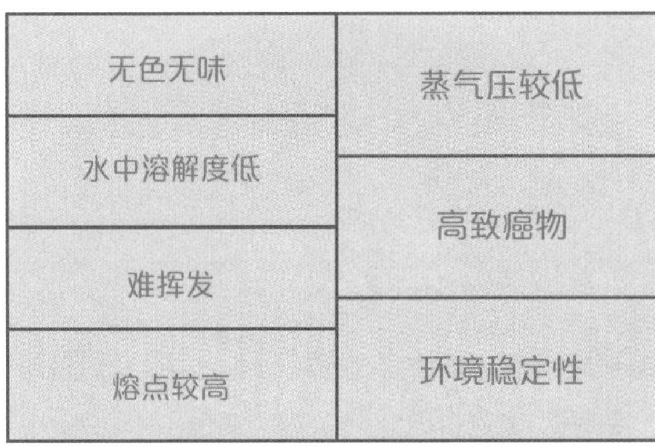

无色无味	蒸气压较低
水中溶解度低	高致癌物
难挥发	环境稳定性
熔点较高	

二噁英化合物共有 210 个同族体。二噁英化合物的毒性与氯原子的取代位置及数量存在密切关系[3]，含 0～3 个氯原子的二噁英化合物无明显的毒性，而含有 4～8 个氯原子的二噁英化合物具有显著的毒性。具有毒性的二噁英化合物共有 17 种，PCDDs 占 7 种，PCDFs 占 10 种，其中 2,3,7,8-TCDD 被称为世界上毒性最强的化合物[4]。

二噁英熔点较高，热稳定性强（分解温度在 700℃以上），蒸气压较低，难挥发；化学极性低，难溶于水，易溶于有机溶剂，具有脂溶性和环境稳定性等特点。因此，二噁英通常不会在环境水体和大气中高浓度富集，但易在土壤和沉积物等固相环境介质中积累。二噁英化合物的蒸气压和水中溶解度随着氯原子取代数目的增加而减少[5, 6]。

环境中常见的有毒二噁英同族体的主要物理和化学特性常数见表 2-1[7]。

表 2-1 环境中常见的有毒二噁英同族体的主要物理和化学特性常数

同族体	蒸气压 /Pa	$\log K_{ow}$	溶解度 /（mg/L）	亨利常数
TCDD	1.1×10^{-4}	6.4	3.5×10^{-4}	1.35×10^{-3}
PeCDD	9.7×10^{-8}	6.6	1.2×10^{-4}	1.07×10^{-4}
HxCDD	7.9×10^{-9}	7.3	4.4×10^{-6}	1.83×10^{-3}
HpCDD	4.3×10^{-9}	8.0	2.4×10^{-6}	5.14×10^{-4}
OCDD	1.1×10^{-10}	8.2	7.4×10^{-8}	2.76×10^{-4}

续表

同族体	蒸气压 /Pa	$\log K_{ow}$	溶解度 /（mg/L）	亨利常数
TCDF	3.3×10^{-6}	6.2	4.2×10^{-4}	6.06×10^{-4}
PeCDF	3.6×10^{-7}	6.4	2.4×10^{-4}	2.04×10^{-4}
HxCDF	3.7×10^{-8}	7.0	1.3×10^{-5}	5.87×10^{-4}
HpCDF	1.3×10^{-8}	7.9	1.4×10^{-6}	5.76×10^{-4}
OCDF	5.1×10^{-10}	8.8	1.4×10^{-6}	4.04×10^{-5}

注：以上数据均测定于 1 个标准大气压① 和室温 25℃的条件下。

12 二噁英的毒性效应应如何表征？

二噁英化合物是一类结构相似、毒性机理基本相同的有机化合物。在自然环境、食物链和人体组织中，二噁英化合物很少单独存在，而是多以混合物的形式存在。为评价这些混合物对健康的毒性效应，研究人员提出了毒性当量（TEQ）的概念，并通过毒性当量因子（TEF）来衡量和估算。1988 年，北大西洋公约组织（North Atlantic Treaty Organization，NATO）以 2,3,7,8-TCDD 为基准，首次规定了 17 种有毒同族体的国际毒性当量因子（International Toxicity Equivalency Factor，I-TEF）。I-TEF用以测定 PCDD/Fs 的各种同族体与 2,3,7,8-TCDD 的相对毒性活度。通过计算 17 种有毒同族体的浓度与对应 I-TEF 乘积的加和，可以评价研究对象总体的毒性当量（International Toxic Equivalency Quantity，I-TEQ）。通常，气体样品的 I-TEQ 单位为 pg/m^3，固体样品的 I-TEQ 单位为 pg/g [8]。1998 年世界卫生组织（WHO）针对不同生物体（人类 / 哺乳动物、鱼类和鸟类）提出了与 I-TEF 和 I-TEQ 类似的 WHO-TEF 和 WHO-TEQ 的概念。WHO-TEF 和 WHO-TEQ

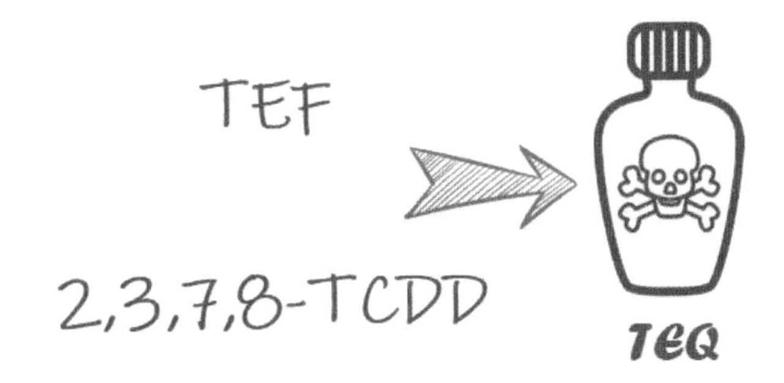

① 1 个标准大气压 $=1 \times 10^5$ Pa。

是目前被广泛接受和使用得最多的二噁英毒性评价体系。针对不同类型的生物，因其对芳香烃受体（Aryl hydrocarbon Receptor，AhR）的敏感程度不同，二噁英的毒性也不尽相同[9]。表 2-2 中列出了二噁英化合物的毒性当量因子。

表 2-2　二噁英化合物的毒性当量因子[10，11]

名称		WHO-TEF		I-TEF
		1998 年①	2005 年②	
PCDDs	2,3,7,8-TeCDD	1	1	1
	1,2,3,7,8-PeCDD	1	1	0.5～1
	1,2,3,4,7,8-HxCDD	0.1	0.1	0.1
	1,2,3,6,7,8-HxCDD	0.1	0.1	0.1
	1,2,3,7,8,9-HxCDD	0.1	0.1	0.1
	1,2,3,4,6,7,8-HpCDD	0.01	0.01	0.01
	OCDD	0.000 1	0.000 3	0.001
PCDFs	2,3,7,8-TeCDF	0.1	0.1	0.1
	1,2,3,7,8-PeCDF	0.05	0.03	0.05
	2,3,4,7,8-PeCDF	0.5	0.3	0.5
	1,2,3,4,7,8-HxCDF	0.1	0.1	0.1
	1,2,3,6,7,8-HxCDF	0.1	0.1	0.1
	1,2,3,7,8,9-HxCDF	0.1	0.1	0.1
	2,3,4,6,7,8-HxCDF	0.1	0.1	0.1
	1,2,3,4,6,7,8-HpCDF	0.01	0.01	0.01
	1,2,3,4,7,8,9-HpCDF	0.01	0.01	0.01
	OCDF	0.000 1	0.000 3	0.001

注：① 1997 年世界卫生组织会议提出并于 1998 年发表在学术期刊上。
② 2005 年世界卫生组织会议提出并于 2006 年发表在学术期刊上。

13 安全接触二噁英的评估指标有哪些？

1998 年，WHO 根据已有数据，规定人类对二噁英的日容许摄入量（Tolerable Daily Intake，TDI）为 0.014～0.037 pg/g 体重。为进一步确保人类的健康安全，10 年后，WHO 通过新评估将 TDI 修改到 0.001～0.004 pg/g 体重[12]。与 TDI 相当的指标还有周容许摄入量（Tolerable Weekly Intake，TWI）、月容许摄入量（Tolerable Monthly Intake，TMI）和实际安全剂量（Virtually Safe Dose，VSD）等。

14 二噁英是如何危害生物体的?

二噁英的毒理学致毒机理一直是科学研究的焦点。目前普遍被接受的致毒机理是 1972 年 Nebert 等提出的二噁英受体分子致毒机制，即二噁英的毒性效应主要是通过 AhR 介导，改变生物体内基因的表达，产生多个毒性终点和内分泌干扰效应[13]。经过 30 多年的研究，二噁英毒理学在分子毒性作用机制、非致瘤毒性、致癌毒性等方面得到了更深入的发展[14-17]。

总体来说，二噁英产生毒性作用不是通过直接损伤，也不是与蛋白质和核酸形成加和物，更不是直接损害细胞 DNA。二噁英的毒性效应机制主要是通过 AhR 介导基因表达。AhR 是一种高分子量的蛋白质，与二噁英有可逆转的高亲和力，主要存在于细胞质中。

TCDD 的毒性机理如下：

二噁英以配体形式扩散到细胞质中，并结合其中的 AhR，使原细胞质中与 AhR 结合的 HSP 蛋白脱落，暴露出 AhR 的 DNA 结合位点，致使 AhR 激活之后，配体 - 受体复合物转移进入细胞核，在核内与芳香烃受体核转运蛋白（Arnt）结合生成二聚体（AhR-Arnt）。AhR-Arnt 随后与特异基因上游部位的增强子（二噁英效应元件）结合，招募辅激活因子，进而控制如细胞色素 CYP1A1、环氧合酶 -2（COX-2）等基因的表达。转录后的信使 RNA 进入细胞质与核糖体结合后成为蛋白质，引起机体发生生物化学、细胞学、组织学的改变，从而产生毒性效应，如肝毒性、生殖毒性、甲状腺干扰等[18, 19]。

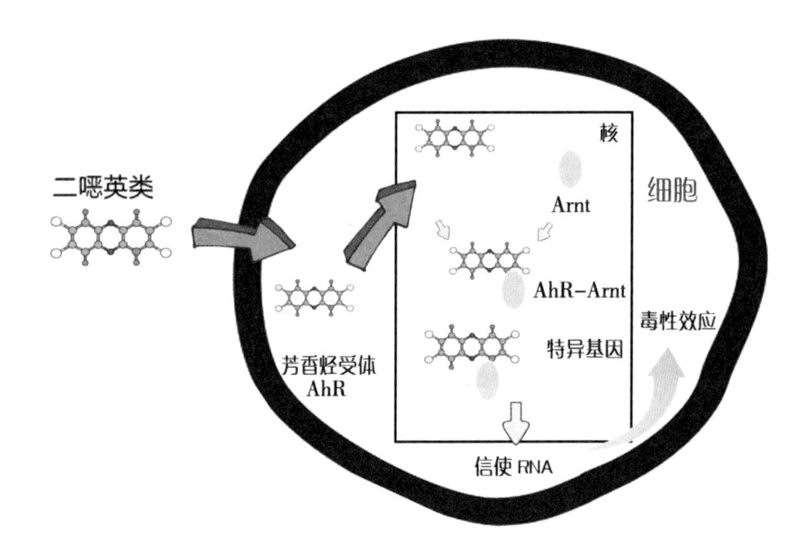

15 二噁英是如何进入人体的？

30 多年来，PCDD/Fs 的毒性及其对人类健康的危害一直是人们关注的焦点。Liem[20]的研究表明，二噁英有脂溶性和生物累积性，环境中的二噁英化合物易通过食物链逐渐富集，因此日常饮食成为二噁英进入人体的主要途径。日常饮食中二噁英的主要来源为脂类含量较高的动物性食物，如肉类、鱼类、奶制品等[21]。

16 二噁英中毒的典型症状有哪些？

①二噁英可导致皮肤性疾病（氯痤疮），症状为黑头粉刺和淡黄色囊肿，主要分布于人体面部及耳后、后背、阴囊等部位。Geusau 等[22]认为二噁英引起氯痤疮的机理可能是未分化的皮脂腺细胞在二噁英的毒性作用下化生为鳞状上皮细胞，致使局部上皮细胞出现过度增殖、角化过度、色素沉着和囊肿等病理变化。

②二噁英是一种环境激素，能够扰乱内分泌系统的正常功能，影响机体的细胞和分子水平的信号传导作用，进而引发毒性。

③二噁英可以对机体造成免疫抑制，主要是对细胞免疫和体液免疫有抑制作用，增加传染病易感性和发病率。

④二噁英通过对生物个体性激素的影响造成生殖毒性。一般认为二噁英的生殖毒性对男性较为显著。

⑤二噁英对胚胎的影响较为明显，严重的会造成生殖结果改变，甚至导致胚胎死亡。

⑥二噁英具有较强的致癌性，自 1978 年 Kociba[23]首次报道二噁英具有致癌性以来，研究人员对动物（大鼠、小鼠、仓鼠和鱼）进行多次染毒试验后都发现二噁英致癌性呈现阳性，其中，TCDD 被列为一级致癌物[24]。

17 二噁英对皮肤系统可能造成哪些影响?

氯痤疮及相关的皮肤病变是人体暴露于 PCDD/Fs 后出现的最敏感、最普遍的症状之一[25]。就现有的检测与诊断技术而言，人类暴露于 TCDD 环境中后能够确诊的皮肤性疾病中只有氯痤疮，而且一旦出现氯痤疮，就标志着血液中 PCDD/Fs 质量分数至少达到 650 pg TEQ/g[26]。一般情况下，氯痤疮形成的潜伏期为 1～3 周，大部分病例氯痤疮消除需 1～3 年[27]，但也有一些患者在停止接触 TCDD 几年甚至几十年后，症状仍未消退。目前，从临床症状到可能的引发机制，已经有一定的研究成果，但实质性机理仍然处于未知阶段。面对氯痤疮病例，并没有对症的治疗药物。部分患者只能通过食用一种叫 Olertra 的物质来加速体内 TCDD 的代谢速率，从而缓解氯痤疮症状[28]。

18 二噁英对肝脏系统可能造成哪些影响?

PCDD/Fs 进入机体后会在肝脏中发生首过效应[29]，使肝脏较早地大量接触 PCDD/Fs，并成为其最主要的靶器官。与其他有毒物（细胞生长抑制剂）类似，PCDD/Fs 可以损伤肝脏以及应激蛋白的合成，改变炎性反应的正常特性和动力学过程[30]。

肝脏新陈代谢的诱导改变，导致胆固醇和雌性激素代谢随之受损。肝脏病变的特征是肝脏体积增大，实际上是细胞增生与肥大所致。意大利 Seveso 化工厂爆炸事故的受害者表现的常见病变之一就是肝脏功能异常[31]。

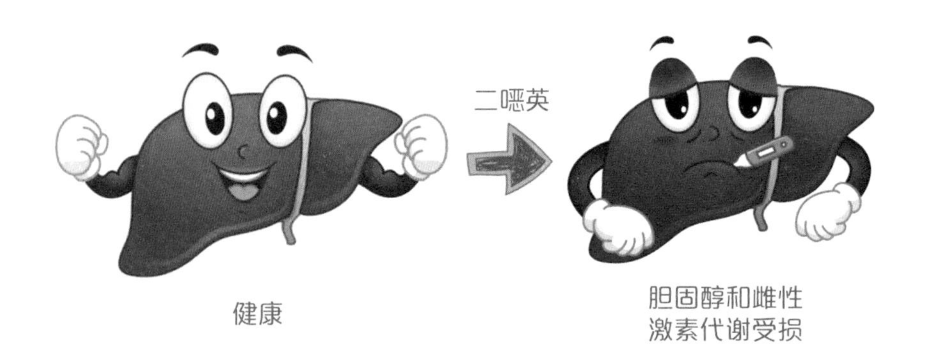

19 二噁英对免疫系统可能造成哪些影响?

动物免疫系统是 PCDD/Fs 最主要、最敏感的靶器官之一。PCDD/Fs 对免疫系统的毒性主要体现为对细胞免疫和体液免疫具有抑制作用，使机体抵抗能力下降，传染病的易感性和发病率增加。其机制可能与体内 PCDD/Fs 长期抑制杀伤性 T 细胞（CTL）的产生和诱导淋巴细胞凋亡有关[32]。研究发现，PCDD/Fs 对骨髓、肝脏、肺脏中的淋巴干细胞、T 细胞分化等均有一定影响。有报道称[33]，对 20 年前接触 TCDD 多年的工人进行调查，发现其体内的辅助 T 细胞功能被 TCDD 长时间抑制。

20 二噁英可能引发哪些炎症反应?

当人体暴露于 PCDD/Fs 环境中时，由于 PCDD/Fs 的促炎作用，机体会释放大量的自由基、环氧合酶 -2（COX-2）以及肿瘤坏死因子（如 TNF-α）和白细胞介素（如 IL-6）等炎性因子，从而引发炎症反应。自由基以及环氧合酶的大量释放影响组织器官内原有的氧化还原平衡；肿瘤坏死因子和白细胞介素等炎性因子可以诱导血清中瘦蛋白的产生，从而使人体氧化应激加剧，食欲下降，进而导致精神萎靡不振。长期诸如此类的炎性反应可损伤结缔组织代谢平衡。研究表明，维生素 E 作为一种较强的抗氧化剂，能够减轻 TCDD 炎性效应的负面作用，使肿瘤坏死因子和白细胞介素的浓度明显下降。

参考文献

[1] Davy C W. Legislation with respect to dioxins in the workplace[J]. Environment International, 2004, 30(2): 219-233.

[2] Doull J, Cattley R, Elcombe C, et al. A cancer risk assessment of di(2-ethylhexyl)phthalate: application of the new US EPA risk assessment guidelines[J]. Regulatory Toxicology and Pharmacology, 1999, 29(3): 327-357.

[3] 唐婷，安显金，肖保华. 二噁英毒性和中国土壤及沉积物二噁英的研究进展[J]. 地球与环境，2016，44(5): 586-593.

[4] Henkelmann B, Schramm K W, Klimm C, et al. Quality criteria for the isotope dilution method with HRGC/MS[J]. Fresenius Journal of Analytical Chemistry, 1996, 354(7/8): 818-822.

[5] McKay G. Dioxin characterisation, formation and minimisation during municipal solid waste (MSW) incineration: review[J]. Chemical Engineering Journal, 2002, 86(3): 343-368.

[6] Rordorf B F. Prediction of vapor pressures, boiling points and enthalpies of fusion for twenty-nine halogenated dibenzo-*p*-dioxins and fifty-five dibenzofurans by a vapor pressure correlation method[J]. Chemosphere, 1989, 18(1-6): 783-788.

[7] Srogi K. Levels and congener distributions of PCDDs, PCDFs and dioxin-like PCBs in environmental and human samples: a review[J]. Environmental Chemistry Letters, 2007, 6(1): 1-28.

[8] Stanmore B R.The formation of dioxins in combustion systems[J]. Combustion and Flame, 2004, 136(3): 398-427.

[9] Van den B M, Birnbaum L, Bosveld A T, et al. Toxic equivalency factors(TEFs) for PCBs, PCDDs, PCDFs for humans and wildlife[J]. Environmental Health Perspectives, 1998, 106(12): 775.

[10] 日本环境省.《食品中戴奥辛处理规范》宜加入类戴奥辛多氯联苯[A/OL].[2016-02-25]. http: // www.docin.comp-6940015.html.

[11] Government of Japan. Information brochure dioxins 2009-government of Japan[A/OL]. [2016-02-25]. http://www.env.goipen/chemi/dioxins.

[12] Van Leeuwen F X R, Feeley M, Schrenk D, et al. Dioxins: WHO's tolerable daily intake (TDI) revisited[J]. Chemosphere, 2000, 40(9): 1095-1101.

[13] Okey A B. An aryl hydrocarbon receptor odyssey to the shores of toxicology: the deichmann lecture, international congress of toxicology-XI[J]. Toxicological Sciences, 2007, 98(1): 5-38.

[14] Hays S M, Aylward L L. Dioxin risks in perspective: past, present, and future[J].

Regulatory Toxicology and Pharmacology, 2003, 37(2): 202-217.

[15] Safe S. Polychlorinated biphenyls(PCBs), dibenzo-*p*-dioxins(PCDDs), dibenzofurans (PCDFs), and related compounds: environmental and mechanistic considerations which support the development of toxic equivalency factors(TEFs)[J]. CRC Critical Reviews in Toxicology, 1990, 21(1): 51-88.

[16] Poland A, Knutson J C. 2,3,7,8-Tetrachlorodibenzo-thorn-dioxin and related halogenated aromatic hydrocarbons: examination of the mechanism of toxicity[J]. Annual Review of Pharmacology and Toxicology, 1982, 22(1): 517-554.

[17] Alaluusua S, Lukinmaa P L. Developmental dental toxicity of dioxin and related compounds—a review[J]. International Dental Journal, 2006, 56(6): 323-331.

[18] Perdew G H. Ah receptor binding to its cognate response element is required for dioxin—mediated toxicity[J]. Toxicological Sciences, 2008, 106(2): 301-303.

[19] Puga A, Ma C, Marlowe J L.The aryl hydrocarbon receptor cross—talks with multiple signal transduction pathways[J]. Biochemical Pharmacology, 2009, 77(4): 713-722.

[20] Liem A K D. Basic aspects of methods for the determination of dioxins and PCBs in foodstuffs and human tissues[J]. Trends in Analytical Chemistry, 1999, 18(6): 429-439.

[21] Jones K C, Bennett B G. Human exposure to environmental polychlorinated dibenzo-*p*-dioxins and dibenzofurans:an exposure commitment assessment for 2,3,7,8-TCDD[J]. Science of the Total Environment, 1989, 78: 99-116.

[22] Geusau A, Abraham K, Geissler K, et al. Severe 2,3,7,8-tetrachlorodibenzo-*p*-dioxin(TCDD) intoxication: clinical and laboratory effects[J]. Environmental Health Perspectives, 2001, 109(8): 865.

[23] Kociba R J, Keyes D G, Beyer J E, et al. Results of a two-year chronic toxicity and oncogenicity study of 2,3,7,8-tetrachlorodibenzo-*p*-dioxin in rats[J].Toxicology and Applied Pharmacology, 1978, 46(2): 279-303.

[24] Couture L A, Abbott B D, Birnbaum L S. A critical review of the developmental toxicity and teratogenicity of 2,3,7,8-tetrachlorodibenzo-*p*-dioxin: recent advances toward understanding the mechanism[J].Teratology, 1990, 42(6): 619-627.

[25] 武亚凤，陈建华，张国宁，等．二噁英的污染现状及健康效应[J]．环境工程技术学报，2016，6(3):229-238.

[26] Coenraads P J, Olie K, Tang N J. Blood lipid concentration dioxins and dibenzofurans causing chloracne[J]. British Journal of Dermatology, 1999, 141: 694-697.

[27] 尹龙赞，娄报宁，刘雁丽，等．二噁英及其对人类健康的影响[J]．中国工业医学杂志，2001(2):100-103.

[28] Neuberger M, Rappe C, Bergek S, et al. Persistent health effects of dioxin contamination in herbicide production [J]. Environment Research, 1999, 81: 206-214.

[29] Geusan A, Tschachler E, Meixner M, et al. Olestra increase faecal excretion of 2,3,7,8-tetrachlorodibenzo-*p*-dioxin [J]. Lancet, 1999, 354: 1266-1267.

[30] 杨水滨，郑明辉，刘征涛 . 二噁英类毒理学研究新进展 [J]. 生态理学报，2006，1 (2): 105-115.

[31] Rosinczuk J, Calkosinski I. Effect of tocopherol and acetylsalicylic acid on the biochemical indices of blood in dioxin exposured rats [J]. Environ Health Perspect, 1998, 106 (Suppl): 625-633.

[32] 裴新辉，谢群慧，胡芹，等 . 二噁英对免疫系统影响的研究进展 [J]. 环境化学，2011，30 (1): 200-210.

[33] Onn T, Esser C, Schneider E M, et al. Persistence of decreased T-helper cell function in industrial workers 20 years after exposure to 2,3,7,8-tetrachlorodibenzo-*p*-dioxin [J]. Environ Health Perspect, 1996, 104: 422-426.

第3章 管控行动知多少

GUANKONG XINGDONG ZHI DUOSHAO

POPs

ZAISHENG YOUSE JINSHU
GONGYE POPs WURAN FANGZHI
ZHI DUOSHAO

21 《关于持久性有机污染物的斯德哥尔摩公约》是如何推动 POPs 削减和控制的?

《关于持久性有机污染物的斯德哥尔摩公约》(以下简称《公约》)于 2001 年 5 月 22 日联合国环境规划署在瑞典首都组织召开的外交全权代表会议上获得通过。第二天,我国政府签署了《公约》。《公约》旨在减少或消除持久性有机污染物的排放,保护人类健康和生态环境免受其危害。

(1)第一批受控的 POPs

第一批受控的是 12 种 POPs。根据这 12 种 POPs 物质的用途、来源,将其分为 3 类[1]。

①有机氯农药。

这 12 种持久性有机污染物中有 9 种属于有机氯农药,分别为滴滴涕、艾氏剂、氯丹、狄氏剂、异狄氏剂、七氯、灭蚁灵、毒杀芬、六氯苯。从用途上看,除六氯苯为杀菌剂外,其余 8 种均为杀虫剂。

《公约》决定,禁止使用和限制使用这 9 种有机氯农药,其中,后 8 种在《公约》正式生效时,至少要有 51 个国家准时停止生产和使用。只有第一种——滴滴涕被允许在大约 25 个国家(绝大多数是非洲贫困的热带国家)继续使用,但要求这些国家在 WHO 的指导下,严格限制使用其来灭杀传播疟疾的蚊子,并且要尽快找到其他经济实用的替代品。

②工业品——PCBs。

12种POPs中PCBs是人工合成的一类工业品，又名氯化联苯。工业上使用的主要是含2～7个氯的PCBs混合物。该混合物是油状液体。PCBs的物理、化学性质极为稳定，具有良好的电绝缘性和很好的耐热性、脂溶性。因此，历史上PCBs一度在工业上得到广泛应用：作为电力电容器的浸渍剂；在电器中被用作绝缘油；在工业加热或冷却工程中被用作热载体；作为塑料及橡胶中的增塑剂；作为油漆、油墨的添加剂。

《公约》规定：目前使用的PCBs电力变压器、电容器，只要不发生泄漏事故，可以持续使用到2025年。

③ PCDDs和PCDFs。

12种POPs中的最后两种持久性有机污染物——PCDDs和PCDFs不会在自然界中生成，也无人故意生产，而是由含氯物质在加热和焚烧过程中产生的，同时，六氯苯和PCBs也会非故意生成和排放出来。

《公约》规定：应采取控制措施减少或消除源自无意生产的污染物。

（2）第二批受控的POPs

2013年8月30日，第十二届全国人民代表大会常务委员会第四次会议审议批准《公约》新增列9种持久性有机污染物的《关于附件A、附件B和附件C修正案》和新增列硫丹的《关于附件A修正案》（以下简称《修正案》）。2013年12月26日，我国政府向《公约》保存人联合国秘书长交存我国批准《修正案》的批准书。按照《公约》的有关规定，《修正案》自2014年3月26日起对我国生效。

《修正案》对α-六氯环己烷、β-六氯环己烷、林丹、十氯酮、五氯苯、六溴联苯、四溴二苯醚和五溴二苯醚、六溴二苯醚和七溴二苯醚、全氟辛基磺酸及其盐类和全氟辛基磺酰氟、硫丹10种POPs作出了淘汰或者限制的规定。

①自2014年3月26日起，禁止生产、流通、使用和进出口α-六氯环己烷、β-六氯环己烷、十氯酮、五氯苯、六溴联苯、四溴二苯醚和五溴二苯醚、六溴二苯醚和七溴二苯醚。

②自2014年3月26日起，禁止生产、流通、使用和进出口林丹、全氟辛基磺酸及其盐类和全氟辛基磺酰氟、硫丹（特定豁免和可接受用途除外）。对于特定豁免用途的，应抓紧研发替代品，确保豁免到期前全部淘汰；对于可接受用途的，应加强管理及风险防范，并努力逐步淘汰其生产和使用。

③各级生态环境、发展改革、工业和信息化、住房和城乡建设、农业农村、商务、卫健委、海关、质检、安全监管等部门，应按照国家有关法律法规的规定，加强对上述10种 POPs 生产、流通、使用和进出口的监督管理。一旦发现违反相关规定的行为，应严肃查处。

（3）第三批受控的 POPs

2016 年 7 月 2 日，第十二届全国人民代表大会常务委员会第二十一次会议审议批准《〈关于持久性有机污染物的斯德哥尔摩公约〉新增列六溴环十二烷修正案》。《〈关于持久性有机污染物的斯德哥尔摩公约〉新增列六溴环十二烷修正案》自 2016 年 12 月 26 日起对我国生效。

自 2016 年 12 月 26 日起，禁止六溴环十二烷的生产、使用和进出口。根据《公约》，以下情形除外：

①用于建筑物中发泡聚苯乙烯和挤塑聚苯乙烯的（主要作为阻燃剂），在特定豁免登记的有效期内，可生产、使用和进出口。特定豁免登记的有效期原则上自《修正案》对我国生效后 5 年（2021 年 12 月 25 日）终止。

②用于实验室规模的研究或用作参照标准的，可生产、使用和进出口。

（4）第四批受控的 POPs

六氯丁二烯、五氯苯酚及其盐类和酯类、多氯萘（PCNs）是 2015 年 5 月被列入《公约》受控名单中的新型 POPs。

（5）第五批受控的 POPs

2017 年，斯德哥尔摩第八次缔约方大会将十溴二苯醚、短链氯化石蜡增列入《公约》附件 A（消除类），将六氯丁二烯增列入《公约》附件 C（无意产生类）。其中，六氯丁二烯已在 2015 年第七次缔约方大会上被增列入附件 A。

22 《公约》对二噁英的管控要求有哪些？

PCDDs 和 PCDFs 是第一批受到管控的 POPs 物质，被列入《公约》附件 C（无意生产类）。

《公约》规定：应采取控制措施减少或消除源自无意生产的污染物。

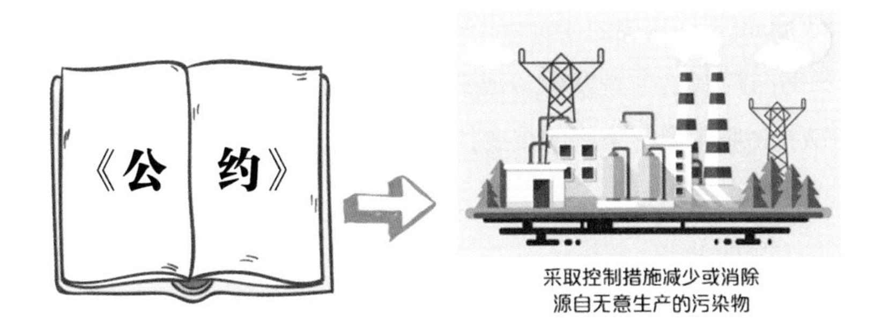

23 欧盟 EC 指令如何推动二噁英减排?

欧盟对工业设施二噁英类污染物的减排主要通过综合污染预防与控制指令 96/61/EC（IPPC Directive）和废物焚烧指令（2000/76/EC）来进行控制[2]。

（1）综合污染预防与控制指令 96/61/EC（IPPC Directive）

综合污染预防与控制指令 96/61/EC（IPPC Directive）是欧盟关于工业排放环境立法的关键工具之一。它要求各成员国利用 BAT 综合控制工业源排入大气、水体和土壤中的污染物，其中所涉及的工业源包括众多可能产生二噁英类排放的工业源，如钢铁行业、有色金属行业、纸浆造纸行业、水泥石灰的生产、废物焚烧、锻冶铸造、大型燃煤电站等。为了明确 BAT，指导行业进行污染防治，实现 BAT 的信息交换，欧盟 IPPC 局已经制定了 33 份不同领域的 BAT 参考文件（BAT Reference Documents，BREFs）。其中，和二噁英排放相关的工业领域参考文件对二噁英类污染物的产生和控制进行了详尽的评价，包括对排放的工业过程进行辨别，制定排放标准，分析工业活动排放可能对不同环境介质造成的影响；提出减排的技术方法，对减排技术给出具体的应用实例以及估算技术的投资和运行成本。欧盟委员会要求在 2007 年 10 月 30 日之前，要确保 IPPC 指令在各成员国完全实施，指令要求所有相关设施需要获得基于 BAT 的运行许可。

根据 IPPC 指令第 15 条的要求，欧盟委员会于 2000 年 7 月通过了 2000/479/EC 号决议，建立欧盟污染物排放登记（European Pollutant Emission Register，EPER）系统，要求成员国每 3 年提交一次决议中规定的工业设施（涵括 50 种污染物）向大气、水体排放的报告。二噁英类物质被列入了登记范围，欧盟委员会要求成员国进行该类数据的上报。2003 年 5 月，联合国欧洲经济委员会议定的污染物排放与废物转移登记协议（Protocol on Pollutant Release and Transfer Registers，PRTRs）签署。为履行协议，欧盟法规 166/2006［Regulation（EC）No 166/2006］将现行系统 EPER 提升为欧盟污染物排放与废物转移登记（European Pollutant Release and Transfer Register，E-PRTR）系统。

综合污染预防与控制指令是欧盟各成员国控制工业二噁英排放的重要政策依据，其中的 BREFs 是减排二噁英类污染物的重要技术导则。E-PRTR 系统实现了对成员国二噁英类污染物排放情况的掌握与监督。

（2）废物焚烧指令（2000/76/EC）

欧盟控制废物焚烧的政策于 1989 年制定。欧盟针对新污染源和已有的生活垃圾焚烧设施分别制定了 89/369/EEC 和 89/429/EEC 指令。这两项指令主要通过对焚烧运行条件的控制及对其他污染物的控制，起到对二噁英类物质的控制作用。1994 年，针对危险废物焚烧，欧盟发布了 94/67/EC 指令，并制定了 0.1 ng TEQ/m^3 的烟气排放限值（标态）。欧洲议会和欧洲理事会于 2000 年 12 月 4 日通过了关于废物焚化的 2000/76/EC 指令。该指令取代了之前颁布的 3 项指令，弥补了上述法令中的不足，成为欧盟控制管理废物焚烧的法律依据。该指令不仅要求垃圾焚烧厂、危险废物焚烧厂，以及使用垃圾作为混合燃料的燃烧设施均满足 0.1 ng TEQ/m^3 的烟气排放限值（标态），而且要求烟气处理产生的废水中二噁英的排放满足 0.3 ng TEQ/m^3 的限值。自 2002 年 12 月起，新污染源执行该指令；自 2005 年 12 月起，已有污染源执行该指令。

24 美国是如何将二噁英的防控纳入全面的环境标准体系的？

二噁英是一种有害的大气污染物，主要通过大气排放到环境中。美国的大气污染物排放标准体系以《清洁空气法》和联邦法规法典为依托，分为常规污染物和有害大气污染物两个子系。其中，常规污染物子系又区分为新建污染源、现有污染源及指定污染物。对于有害大气污染物，无论是新建污染源还是现有污染源，都统一通过美国国家环境保护局（EPA）制定的有害大气污染物国家排放标准进行控制[3]。

美国与再生有色金属行业二噁英有关的主要污染控制标准如表 3-1 所示。

表 3-1　美国与再生有色金属行业二噁英有关的主要污染控制标准

<table>
<tr><th>标准名称</th><th>生效时间</th><th colspan="5">关于二噁英的标准限值</th></tr>
<tr><td rowspan="4">再生铅行业有害大气污染物排放标准</td><td rowspan="4">2012-01-05</td><td colspan="4">排放源类型</td><td>质量浓度 /（ng TEQ/m^3）</td></tr>
<tr><td colspan="4">高炉 + 反射炉（新建和现有污染源）</td><td>0.50</td></tr>
<tr><td colspan="4">反射炉 + 电弧炉（建或改建于 2011 年 5 月 19 日之前）</td><td>0.20</td></tr>
<tr><td colspan="4">反射炉 + 电弧炉（建或改建于 2011 年 5 月 19 日之后）</td><td>0.10</td></tr>
<tr><td rowspan="3">危险废物焚烧炉的大气污染物排放标准</td><td rowspan="3">2005-12-12</td><td>焚烧炉类型</td><td>焚烧炉</td><td>水泥窑</td><td>轻骨料窑</td><td>燃油锅炉</td></tr>
<tr><td>现有污染源 /（ng TEQ/m^3）</td><td>0.20 或 0.40（除尘器入口温度<204℃）</td><td rowspan="2">0.20 或 0.40（除尘器入口温度<204℃）</td><td rowspan="2">0.20（窑体出口温度骤降至<204℃）</td><td rowspan="2">0.40（干法尾气净化），其他的用 CO 或 HC 来控制</td></tr>
<tr><td>新建污染源（ng TEQ/m^3）</td><td>0.11（干法尾气净化），其他 0.20</td></tr>
</table>

美国将二噁英的防控纳入全面的环境标准体系，呈现出以下特点[4]。

（1）二噁英相关标准类别较多，标准体系较为全面

美国的环境标准体系涵盖了饮用水、土壤、大气环境、风险评估等各个方面，其中产生源行业的大气污染物排放是控制重点。事实上，EPA 的报告指出，美国二噁英排放量中约有 95% 是来自焚烧，其中医疗垃圾和废物焚烧最为重要[5]。因此，美国在加强二噁英相关基础研究的同时，对重点排放源采取了有针对性的减排措施。

（2）行业划分细致，排放标准分级明显

例如，针对废弃物焚烧行业，分为生活垃圾焚烧、工业固体废物焚烧、危险废物焚

烧、污泥焚烧及其他固体废物焚烧，覆盖了所有焚烧设施的类型。针对排放源新建污染源、现有污染源、炉型、规模、尾气净化措施等不同情况又分别制定其排放标准。以工业固体废物焚烧炉排放标准为例，新建污染源排放标准严于现有污染源排放标准。焚烧不同废物的焚烧炉排放标准不同，小型的、偏远地区的焚烧炉排放限值较高，同时，排放标准既规定了二噁英的质量排放浓度，也规定了其毒性当量排放浓度。

（3）标准的技术导向明显

在相应的标准文本中，无论是现有污染源，还是新建污染源，都以相应的技术为主线。其中，以对新建污染源采用的最佳可得的控制技术（MACT）最为严格。实际上，美国《清洁空气法》中 Section112（d）条款规定，有害空气污染物的主要排放源标准基于 MACT 来制定，不考虑技术的经济效益，其限值至少应不低于现有排放源前 12% 最低排放源的平均值。对于主要排放源以外的面源，其标准基于通用可行技术（GACT）来制定，主要考虑技术能力和经济性。

（4）以人体健康为落脚点

通过污染源的风险评估，制定或修订二噁英相关的标准。在与二噁英相关标准的制定进程中，二噁英排放源的风险评估发挥了至关重要的作用。美国《清洁空气法》要求，有害大气污染物的标准实施后，要进行对比性的风险评估，包括单一污染物的风险、排放源的风险、周边居民健康风险、急性风险等，同时根据风险评估的结果调整标准的排放限值。另外，从更高层面上看，EPA 开展的研究项目始终强调以降低二噁英的风险为目标，二噁英的减排战略均基于二噁英类物质的风险评估。

25 日本是如何从立法层面推动二噁英减排的？

1999 年 7 月，日本政府颁布的《二噁英对策特别实施法》（2000 年 1 月生效）规定该国二噁英 TDI 为 4 pg TEQ/kg（人体体重）。为保证达到此标准，各环境媒介的二噁英水平上限分别为 0.6 pg TEQ/m^3（空气）、1 000 pg TEQ/g（土壤）、1 pg TEQ/L（水）、150 pg TEQ/g（沉积物）。《二噁英对策特别实施法》也提出了综合控制二噁英的措施，包括污染监测，建立环境质量标准，建立更为严格的大气、水体和废物处置的排放标准，加强对已污染场地的处理，以及国家治理二噁英的整体计划和对违反者的处罚措施。

遵照《二噁英对策特别实施法》，2000 年日本政府发布了《政府企业活动中削减二噁英类的计划》。该计划明确了 2002 年要实现二噁英类物质排放达到 843～891 g/a，较 1997 年减少 90%，并且将减排具体指标下达到以废物焚烧、电弧炉炼钢、钢铁烧结、锌回收和铝合金制造为主的活动中。此外，该计划还提出了具体的实施措施。

为了评价环境中二噁英的排放量，从 2000 年开始，日本对全国大气、地下水、沉积物、地表水、土壤环境介质中的二噁英类物质展开大范围的持续检测。此外，日本对二噁英的排放源也展开全面检测，形成国家每年二噁英类物质排放清单。

回顾日本对二噁英的认识和控制历程，可以清楚地看到二噁英的减排控制绝非是一项简单的政策问题或者技术问题，而是一个涉及面广、需要多管齐下和齐抓共管的系统工程[6]。总结其经验，可以归纳为以下 8 个方面：

①统一国家意志，驱动整体工作。作为国家意志的体现者，政府一方面必须在态度上对二噁英问题予以高度重视，将二噁英问题作为优先解决的环境问题；另一方面对于如

何解决二噁英问题必须有明确的思路。

②建立协调机制，整合职能。各部门间协调机制的建立，使得国家与二噁英相关的各个机构实现了职能互补、立场一致，从而形成了推动二噁英减排控制工作的合力。

③颁布专门法规，支撑减排措施。《二噁英对策特别实施法》的制定为后续减排工作的开展提供了立法上的依据。该法规是专门针对二噁英污染控制问题制定的法律，是政府进行减排控制工作的基本准则，对各项工作的开展具有规范和指导意义。

此外，日本还针对二噁英的减排需要，对原有的一些相关法律法规做了补充和修订，包括《大气污染控制法》《废弃物管理和公共清洁法》《关于特定企业的污染控制机构法》《促进资源有效利用法》《确定特殊化学品在环境中含量以及推广改进的控制措施法》《建立循环型社会体制的基本法》等。

法规政策上的改进构成了二噁英减排控制的基础框架，对后续各项减排措施的实施起到了重要作用。

④制定环境基准，控制健康风险。日本制定环境质量标准与排放标准的思路主要基于两点：一是通过对二噁英的风险评价确定人体每天最大容许摄入量；二是通过环境调查弄清各种环境介质中的二噁英 TEQ，从而确定各种途径的暴露水平。在此基础上，日本建立了针对各种环境介质的二噁英 TEQ 标准，以及二噁英 TEQ 大气排放控制标准。

⑤实行奖惩并举，推广减排措施。根据《二噁英对策特别实施法》，日本制订了针对不同工业活动二噁英的减排计划，并在全国实施。一方面，对从事减排工作的团体或企业给予经济或者税率上的优惠待遇；另一方面，对不达标企业坚决关停，一些不能达到排放标准的焚烧炉、炼钢电炉等设施被逐步废除。

⑥提高监测能力，保障监督评估。一方面，日本明确了对环境介质以及排放源的二噁英定期监督评估机制，相关企业及地方政府必须根据《二噁英对策特别实施法》定期申报相关的数据。由于大部分监测任务都是通过招标进行，因此“催生”了一个规模相当可观的二噁英分析行业。另一方面，日本对全国的二噁英监测机构实行严格的精度管理控制，先后颁布了一系列二噁英标准监测分析方法，涵盖大气、土壤、水体、底泥、烟道气、飞灰和水生生物等各种介质。

⑦广泛开展宣传教育活动，提高公众的意识。在二噁英的控制和减排方面，日本非常重视公众的理解与参与。《二噁英对策特别实施法》中着重强调要通过宣传教育、及时公开信息资料，争取公众对二噁英减排工作的广泛关注和支持。

从宣传教育的内容来看，重点是促进废弃物的循环利用，包括通过国家和地方政府的参与来改进废弃物处理场；对现有的废弃物进行适当的处理；减少废弃物的产生，尽可能延长产品的使用期；促进废弃物的分类收集和循环利用；建立循环型经济和社会体制。

宣传教育的组织工作主要通过以下方式开展：政府尽力做好信息公开工作，定时向公众发布二噁英监测报告；提供相关信息，包括对健康和环境的影响、技术研发的结果、国际动态和各项指标的意义。具体形式包括发行小册子类的印刷宣传品、相关部门和机构发布的官方性质的文件等，以及通过各种媒体公布相关信息和研究结果。

⑧重视研究开发，促进持续发展。二噁英减排控制是一项复杂的系统工程，许多方面必须通过开展基础和应用研究来解决，从而为减排工作提供理论和技术上的支持。例如，弄清二噁英对人类和环境的危害机制，提供更加快速经济的检测办法，针对特定行业二噁英减排开发最佳可行技术 / 最佳环境实践（BAT/BEP），开发含二噁英废物的安全处置以及受二噁英污染环境介质的修复技术，完善二噁英毒性评价的方法和弄清二噁英的具体危害等。

26 中国是如何应对二噁英污染防治的?

（1）深刻认识加强二噁英污染防治的重要意义

二噁英具有很强的生物毒性，同时具有难以降解、可在生物体内蓄积的特点，进入环境以后将长期残留，对人类健康和可持续发展构成威胁。全国主要行业 POPs 调查显示，我国 17 个主要行业二噁英排放企业有万余家，涉及钢铁、再生有色金属和废弃物焚烧等多个领域。随着我国经济社会的快速发展，二噁英排放量呈增长趋势，我国二噁英污染防治面临严峻形势。党中央、国务院高度重视二噁英等持久性有机污染物的污染防治问题。国务院 2007 年 4 月批准《中华人民共和国履行〈关于持久性有机污染物的斯德哥尔摩公约〉国家实施计划》，对二噁英等 POPs 污染防治工作提出了明确要求。各地要从贯彻落实科学发展观、建设生态文明和保障人民身体健康的高度进一步提高认识，把二噁英污染防治与当前实现节能减排目标，推动产业结构调整紧密结合起来，促进经济社会与环境协调发展。

（2）二噁英污染防治指导思想、基本原则和任务目标

①指导思想。

以科学发展观为指导，以保障我国生态环境安全和人民身体健康为目标，预防新源、

削减旧源，完善制度、强化监管，综合采取各种措施，有效落实责任，建立长效机制，积极稳妥地推动二噁英污染防治工作。

②基本原则。

坚持全面推进、重点突破。对现有的二噁英产生源要采取积极的污染防治措施。当前要重点抓好铁矿石烧结、电弧炉炼钢、再生有色金属生产、废弃物焚烧等重点行业二噁英污染防治工作。

坚持综合防治、协同推进。充分发挥二噁英污染防治与常规污染物削减控制的协同性，将其与节能减排、推行清洁生产、淘汰落后产能等工作统筹推进。

坚持政府主导、市场化推动。发挥政府主导作用，明确企业责任主体，鼓励公众参与监督，推动二噁英污染防治各项措施落到实处。

③目标任务。

在铁矿石烧结、电弧炉炼钢、再生有色金属生产、废弃物焚烧等重点行业全面推行削减和控制措施，深入开展清洁生产审核，全面推广清洁生产先进技术、最佳可行工艺和技术等，降低单位产量（处理量）二噁英排放强度。到 2015 年，建立较为完善的二噁英污染防治体系和长效监管机制，重点行业二噁英排放强度降低 10%，基本控制二噁英排放的增长趋势。

（3）优化产业结构

①淘汰落后产能。

严格落实《国务院关于进一步加强淘汰落后产能工作的通知》（国发〔2010〕7 号），加大落后产能淘汰力度，加速淘汰二噁英污染严重、削减和控制无经济可行性的落后产能。

②严格环境准入条件。

进一步完善环境影响评价制度，在审批建设项目环境影响评价文件时要充分考虑二噁英削减和控制要求，将二噁英作为主要特征污染物逐步纳入有关行业的环境影响评价中。加强新建、改建、扩建项目竣工环境保护验收中二噁英的排放监测，确保按要求达标排放，从源头控制二噁英产生。在京津冀、长三角、珠三角等重点区域开展二噁英排放总量控制试点工作。

③实施清洁生产审核。

清洁生产主管部门和生态环境主管部门应将二噁英削减和控制作为清洁生产的主要内容，完善清洁生产标准体系，全面推行清洁生产审核，鼓励采用有利于二噁英削减和控制的工艺技术和防控措施。每年年底前，各省级生态环境主管部门依法公布应当开展强制性清洁生产审核的二噁英重点排放源企业名单。二噁英重点排放源企业应依法实施清洁生产审核，积极落实审核方案，采取削减和控制措施。开展清洁生产审核的间隔时间不得超过 5 年，并依法将审核结果向生态环境主管部门和清洁生产主管部门报告。各级生态环境主管部门要加强监督检查，对不实施清洁生产审核或者虽经审核但不如实报告审核结果的，责令限期改正，对拒不改正的企业加大处罚力度。2011 年 6 月底前，重点行业所有排放废气装置必须配套建设高效除尘设施。

（4）切实推进重点行业二噁英污染防治

加大再生有色金属行业污染防治力度。加速淘汰直接燃煤的反射炉、坩埚炉等工艺落后、能源消耗高、环境污染严重、金属回收率低的技术装备。现有再生熔炼设施在生产过程中，应采取有效措施去除原料中含氯物质及切削油等有机物。鼓励封闭化生产。

（5）建立完善二噁英污染防治长效机制

①编制重点行业污染防治规划。

以重点行业二噁英污染防治为主要内容，编制全国重点行业持久性有机污染物污染防治规划，明确防治目标、任务和政策措施。各省级生态环境主管部门要加强基础工作，摸清二噁英污染源和排放现状，合理确定二噁英削减和控制目标，提出相应措施，按照《省级持久性有机污染物污染防治规划编制指南》，抓紧编制辖区持久性有机污染物污染防治规划。各地在开展节能减排和环境治理等重点工程建设的过程中，应统筹考虑二噁英污染防治。

②严格环境监管。

加强对二噁英重点排放源的监督性监测和监管核查，对未按规定和要求实施控制措施的排放源，限期整改。所在地生态环境主管部门应对废弃物焚烧装置排放情况每两个月开展一次监督性监测，对二噁英的监督性监测应至少每年开展一次。不符合产业政策的重污染企业应报请当地政府取缔关闭；超标排污企业，应依法责令限期治理并处罚款。逾期未完成治理任务的，应提请当地政府关闭；存在环境安全隐患的企业，应责令改正。加大对废弃物产生单位的环境保护监管力度，促使有关单位和企业及时将危险废物交由有资质的处置单位进行规范的无害化处置。各级生态环境主管部门应全面掌握污染源的基本情况，建立健全各类重点污染源档案和污染源信息数据库，完善重点排放源二噁英排放清单。加强二噁英监测能力建设，完善二噁英监测制度，配齐监测装置，加强人员培训，切实提高二噁英监测技术水平，满足监管核查需要。

③健全排放源动态监控和数据上报机制。

完善二噁英排放申报登记和信息上报制度。排放二噁英的企业和单位应至少每年开展一次二噁英排放监测，并将数据上报地方生态环境主管部门备案。各级生态环境主管部门应逐步开展环境介质二噁英监测工作，重点是排放源周边的敏感区域。建立二噁英排放源动态监控与信息上报系统，分析排放变化情况，对二噁英的削减和控制过程及效果进行综合评估。

④完善相关环境经济政策。

逐步建立促进企业主动削减的经济政策体系，鼓励企业采用有利于二噁英削减的生产方式。对存在较大环境风险的二噁英排放企业，推行环境污染责任保险制度。通过合理的经济补偿和政策引导，加快二噁英污染严重的企业有序退出。

（6）加强技术研发和示范推广

①加强技术标准体系建设。

建立健全防治二噁英污染的强制性技术规范体系，加强强制性标准推广。加强对相关技术标准的更新管理，逐步提高保护水平。鼓励地方、行业及企业制定和实施严于国家强制性要求的标准和措施。制定重点行业二噁英削减和控制技术政策，推广最佳可行污染防治工艺和技术。健全重点行业二噁英排放标准体系，制（修）订并严格执行铁矿石烧结、电弧炉炼钢、再生有色金属生产、废弃物焚烧及遗体火化等行业二噁英排放标准和监控规范，引导重点行业提高技术水平。

②大力推动二噁英削减和控制关键技术研发和工程示范。

有关科技发展计划应将预防、减少和控制二噁英产生的替代工艺、技术，以及过程优化、尾气净化技术和设备等列为重点，加大研发和工程示范力度。鼓励企业与高等院校、科研机构等合作，加强二噁英削减关键技术联合攻关。

（7）保障措施

①落实各方责任。

二噁英污染防治工作由地方政府负总责，要切实加强组织领导，建立生态环境主管部门牵头、政府有关部门参加的二噁英污染防治协调机制，形成责任明确、共同推进的管理体制。各有关部门应加强对二噁英污染防治的指导，加强行政执法。建立定期通报和目标考核责任制度，保证各项措施和规划的实施。

②加强宣传教育。

各地生态环境主管部门应组织开展多种形式的宣传教育活动，采取通俗易懂的方式，通过广播、电视、报纸、互联网等新闻媒体，加大二噁英危害及可防可控的宣传力度，积极引导广大群众了解有关二噁英污染的防护知识。

③加大资金投入。

拓宽投融资渠道，加大对重点行业二噁英削减和控制的投入力度。各级政府在安排节能减排等环保投资时，应加大对重点源二噁英削减和控制的支持力度，鼓励当地企业削减和控制二噁英。积极引导各类资本进入二噁英削减控制领域。积极加强国内外交流与合作，争取国际社会资金和技术支持。

27 中国是如何强化对重点行业二噁英污染防治的政策引导的？

2015 年，环境保护部发布了《重点行业二噁英污染防治技术政策》，对相关重点行业二噁英的污染防治进行政策引导。该技术政策的总则如下：

①为贯彻《中华人民共和国环境保护法》等相关法律法规，防治环境污染，保障生态环境安全和人体健康，指导环境管理与科学治污，引领重点行业二噁英污染防治技术进步与新技术研发，促进绿色发展，制定该技术政策。

②该技术政策所涉及的重点行业包括铁矿石烧结、电弧炉炼钢、再生有色金属（如铜、铝、铅、锌）生产、废弃物焚烧、制浆造纸、遗体火化和特定有机氯化工产品生产等。

③该技术政策为指导性文件，提出了重点行业二噁英污染防治可采取的技术路线和

技术方法，包括源头削减、过程控制、末端治理、新技术研发等方面的内容，为重点行业二噁英污染防治相关规划、排放标准、环境影响评价等环境管理和企业污染防治工作提供技术指导。

④二噁英污染防治应遵循全过程控制的原则，加强源头削减和过程控制，积极推进污染物协同减排与专项治理相结合的技术措施，严格执行二噁英污染排放限值要求，减少二噁英的产生和排放。

⑤通过实施该技术政策，到 2020 年，显著降低重点行业单位产量（处理量）的二噁英排放强度，有效遏制重点行业二噁英排放总量增长的趋势。

该技术政策从源头削减—过程控制—末端治理—新技术研发全过程进行政策的引导。再生有色金属行业二噁英污染防治技术措施如下。

（1）源头削减

再生有色金属生产鼓励采用富氧强化熔炼等先进工艺技术；宜采取机械分选等预处理措施分离原料中的含氯塑料等物质；鼓励利用煤气等清洁燃料。

（2）过程控制

①铁矿石烧结、电弧炉炼钢、再生有色金属生产、废弃物焚烧和遗体火化设施应设置先进、完善、可靠的自动控制系统和工况参数在线监测系统。

②企业应建立健全日常运行管理制度并严格执行，确保生产和污染治理设施稳定运行；应定期监测二噁英的浓度，并按相关规定公开工况参数及有关二噁英的环境信息，接受社会公众监督。

③再生有色金属熔炼过程应采用负压状态或封闭化生产方式，避免无组织排放。

（3）末端治理

①根据铁矿石烧结、电弧炉炼钢、再生有色金属生产、废弃物焚烧和遗体火化行业的工艺特点，应采用高效除尘技术等协同处理烟气中的二噁英。铁矿石烧结机头烟气宜优先采用电袋复合除尘技术，机尾烟气宜采用高效袋式除尘技术。电弧炉炼钢过程中产生的烟气宜采用“炉内排烟 + 大密闭罩 + 屋顶罩”方式捕集，并优先采用高效袋式除尘器净化。再生有色金属生产、废弃物焚烧和遗体火化过程中产生的烟气宜采用高效袋式除尘技术和活性炭喷射等技术进行处理。

②铁矿石烧结、电弧炉炼钢、再生有色金属生产和危险废物焚烧等行业进行尾气处理时，应确保在后续管路和设备中烟气不结露的前提下，尽可能缩短烟气急冷过程的停留时间，减少二噁英的生成。

③铁矿石烧结、电弧炉炼钢、再生有色金属生产、废弃物焚烧等行业进行烟气热量回收利用时，应采取定期清除换热器表面的灰尘等措施，尽量减少二噁英的再生成。

④铁矿石烧结、电弧炉炼钢、再生有色金属（铜、铅、锌）生产烟气净化设施产生的含二噁英飞灰，鼓励经预处理后返回原系统利用。

（4）新技术研发

①铁矿石烧结、电弧炉炼钢和再生有色金属生产等行业研发自动化、连续化节能环保冶金技术及装置。

②再生有色金属生产行业研发机械拆解、分类分选和表面洁净化等预处理技术及其装备。

③二噁英阻滞、催化分解技术及其装备。

④二噁英与常规污染物（如氮氧化物、二氧化硫、颗粒物、重金属等）的高效协同减排技术。

⑤飞灰等含二噁英固体废物无害化处置技术、二次污染控制技术。

⑥快速、低成本、高灵敏度的二噁英检测技术及其装备。

28 中国是如何在排放标准方面强化再生金属工业二噁英排放管控的？

2015 年 4 月，环境保护部和国家质量监督检验检疫总局发布了《再生铜、铝、铅、锌工业污染物排放标准》（GB 31574—2015）[7]，该标准规定了再生有色金属（铜、铝、铅、锌）工业企业生产过程中水污染物和大气污染物的排放限值、监测和监控要求，对重点区域规定了水污染物和大气污染物特别排放限值相关标准要求。自 2015 年 7 月 1 日起，新建企业执行表 3-2 规定的大气污染物排放限值。2017 年 1 月 1 日以前，现有企业仍执行现行标准；自 2017 年 1 月 1 日起，现有企业执行表 3-2 规定的大气污染物排放限值具体标准限值。

严格管控二噁英污染排放

表 3-2　大气污染物排放限值

序号	污染物项目	再生有色金属企业	限值	污染物排放监控位置
1	二噁英类	所有	0.5 ng TEQ/m^3	车间或生产设施排气筒
2	单位产品基准排气量 /（m^3/t 产品）	炉窑	10 000	排气量计量位置与污染物排放监控位置一致

29 中国是如何对二噁英进行全过程环境风险管控的？

为贯彻落实《中共中央　国务院关于全面加强生态环境保护　坚决打好污染防治攻坚战的意见》，2020 年生态环境部会同工业和信息化部、国家卫生健康委员会制定了《优先控制化学品名录（第二批）》，并将二噁英纳入该名录，如表 3-3 所示。

表 3-3　优先控制化学品名录（第二批）

编号	化学品名称	CAS 号
PC023	1,1- 二氯乙烯	75-35-4
PC024	1,2- 二氯丙烷	78-87-5
PC025	2,4- 二硝基甲苯	121-14-2
PC026	2,4,6- 三叔丁基苯酚	732-26-3
PC027	苯	71-43-2
PC028	多环芳烃类物质，包括：	
	苯并［*a*］蒽	56-55-3
	苯并［*a*］菲	218-01-9
	苯并［*a*］芘	50-32-8
	苯并［*b*］荧蒽	205-99-2
	苯并［*k*］荧蒽	207-08-9
	蒽	120-12-7
	二苯并［*a,h*］蒽	53-70-3
PC029	多氯二苯并对二噁英和多氯二苯并呋喃	—
PC030	甲苯	108-88-3
PC031	邻甲苯胺	95-53-4
PC032	磷酸三（2- 氯乙基）酯	115-96-8
PC033	六氯丁二烯	87-68-3
PC034	氯苯类物质，包括：	
	五氯苯	608-93-5
	六氯苯	118-74-1
PC035	全氟辛酸（PFOA）及其盐类和相关化合物	335-67-1（全氟辛酸）
PC036	氰化物*	—
PC037	铊及其化合物	7440-28-0（铊）
PC038	五氯苯酚及其盐类和酯类	87-86-5
		131-52-2
		27735-64-4
		3772-94-9
		1825-21-4
PC039	五氯苯硫酚	133-49-3
PC040	异丙基苯酚磷酸酯	68937-41-7

注：* 指氢氰酸、全部简单氰化物（多为碱金属和碱土金属的氰化物）和锌氰络合物，不包括铁氰络合物、亚铁氰络合物、铜氰络合物、镍氰络合物、钴氰络合物。

对优先控制化学品环境风险管控的政策和措施：《优先控制化学品名录》重点识别和关注固有危害属性较大，环境中可能长期存在并可能对环境和人体健康造成较大环境风险的化学品。对被列入《优先控制化学品名录》的化学品，针对其产生环境与健康风险的主要环节，依据相关政策法规，结合经济技术可行性，采取以下一种或几种环境风险管控措施，最大限度地降低化学品的生产、使用对人类健康和环境的影响。

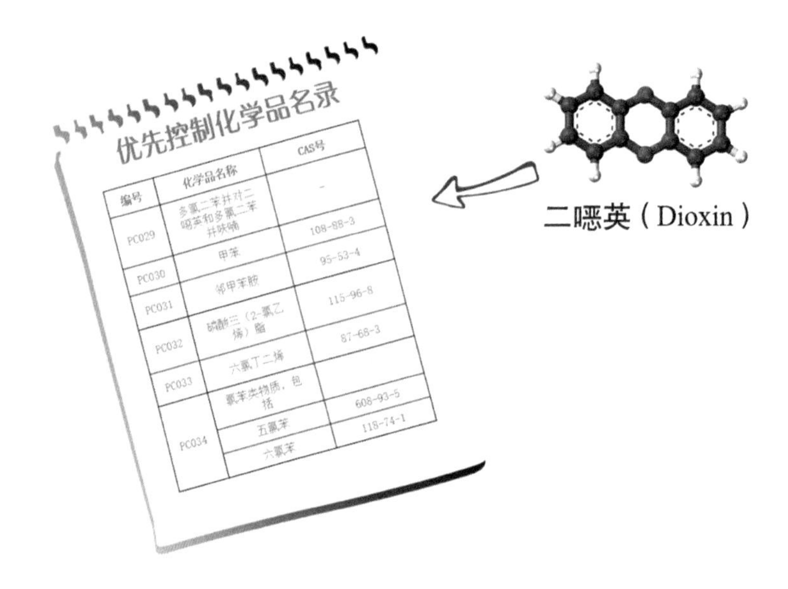

（1）纳入相应的环境管理名录

将有毒有害物质纳入《有毒有害大气污染物名录》《有毒有害水污染物名录》《重点控制的土壤有毒有害物质名录》等，按照《中华人民共和国大气污染防治法》《中华人民共和国水污染防治法》《中华人民共和国土壤污染防治法》等实施管理。

（2）实施清洁生产审核及信息公开制度

①《中华人民共和国清洁生产促进法》：使用有毒有害原料进行生产或者在生产中排放有毒有害物质的企业，应当实施强制性清洁生产审核。

②《清洁生产审核办法》：使用有毒有害原料进行生产或者在生产中排放有毒有害物质的企业，应当实施强制性清洁生产审核。实施强制性清洁生产审核的企业，应当采取便于公众知晓的方式公布企业相关信息，包括使用有毒有害原料的名称、数量、用途，排放有毒有害物质的名称、浓度和数量等。

（3）实行限制、替代措施

①限制使用。修订国家有关强制性标准，限制在某些产品中的使用。

②鼓励替代。实施《国家鼓励的有毒有害原料（产品）替代品目录》，引导企业持续开发、使用低毒低害和无毒无害原料，减少产品中有毒有害物质含量。

30 中国是如何从国家层面制定行动方案对二噁英等新污染物进行管控的？

新污染物不同于常规污染物，是指新近发现或被关注，给生态环境或人体健康带来风险，尚未纳入管理或者现有管理措施不足以有效防控其风险的污染物。新污染物多具有生物毒性、环境持久性、生物累积性等特征，在环境中即使浓度较低，也可能具有显著的环境与健康风险，其危害具有潜在性和隐蔽性。有毒有害化学物质的生产和使用是新污染物的主要来源。我国是化学品生产和使用大国，新污染物种类繁多、分布广泛、底数不清，环境与健康风险隐患大。有效防控新污染物环境与健康风险，是美丽中国和健康中国建设的重要内容，关系中华民族的繁衍生息和永续发展。为切实加强新污染物治理，保障国家生态环境安全和人民群众身体健康，制定新污染物治理行动方案。

总体要求：全面贯彻党的十九大和十九届二中、三中、四中、五中全会精神，深入贯彻习近平生态文明思想，立足新发展阶段，贯彻新发展理念，坚持系统观念，着眼经济社会发展全局，以有效防范新污染物环境与健康风险为核心，突出科学治污、精准治污、依法治污，遵循全生命周期环境风险管理理念，统筹推进新化学物质和现有化学物质环境管理，实施调查评估、分类治理、全过程环境风险管控，加强制度和科技支撑保障，形成党委领导、政府主导、企业主体、社会组织和公众共同参与的新污染物治理体系，深入打好污染防治攻坚战，促进经济社会发展全面绿色转型，建设美丽中国。

工作目标：到 2025 年，建立健全化学物质环境风险管理法规制度体系和有毒有害化学物质环境风险管理体制，动态发布《重点管控新污染物清单》。完成国内外高关注、高产（用）量的化学物质危害筛查，完成一批化学物质环境风险评估。落实“一品一策”，禁止全氟己基磺酸及其盐类和相关化合物（PEHxS 类）、六溴环十二烷、十溴二苯醚、短链氯化石蜡、五氯苯酚及其盐类和酯类、六氯丁二烯、得克隆的生产、加工使用和进出口；严格限制全氟辛基磺酸及其盐类和全氟辛基磺酰氟（PFOS 类）、全氟辛酸、全氟辛酸盐类及其相关化合物（PFOA 类）、壬基酚的用途，规范抗生素药物的使用；基本实现重点行业二噁英类达标排放。到 2035 年，建成较为完善的新污染物治理体系，新污染物环境风险管控能力大幅提升，新污染物环境风险得到基本管控。

（1）完善法规制度，建立健全新污染物治理体系

①加快推进立法进程。研究制定有毒有害化学物质环境风险管理条例，建立健全化学物质信息报告、调查监测、环境风险评估、环境风险管控、新化学物质环境管理登记、有毒化学品进出口环境管理等制度。修订《环境保护法》《海洋环境保护法》等相关法律法规时，增加有毒有害化学物质环境风险管控、新污染物治理相关要求。加强农药、兽药、药品、化妆品等相关法律法规及配套文件与有毒有害化学物质环境风险管理相关制度的衔接。

②完善技术标准体系。系统构建化学物质环境风险评估与管控技术标准体系，制（修）订危害评估、暴露评估、风险表征、经济社会影响评估、数据质量评估、危害特性测试方法、计算毒理评估与应用等标准和技术规范。逐步完善新污染物环境监测技术体系。2021 年前，发布优先评估化学物质筛选技术导则；2022 年前，发布化学物质危害评估、暴露评估等技术规范；2025 年前，发布数据质量评估、风险表征、排放场景构建等技术规范，修订毒性测试方法，编制环境暴露参数手册，发布经济社会影响评估等技术导则。发布水中壬基酚，水、土壤和沉积物中全氟辛基磺酸和全氟辛酸等的监测分析方法。

③建立健全新污染物治理管理机制。建立生态环境主管部门牵头，发展改革、科技、工业和信息化、财政、住房和城乡建设、农业农村、商务、卫生健康、海关、市场监管、药监等部门参加的新污染物治理跨部门协调机制，统筹推进新污染物治理工作。加强部

门间联合调查、联合执法、信息共享，增强部门间法律法规协调和制度衔接。按照中央统筹、省负总责、市县落实的原则，完善新污染物治理的管理机制，全面落实新污染物治理属地责任。建立国家新污染物治理专家委员会，强化新污染物治理综合决策咨询与技术支撑。

（2）开展调查评估，掌握新污染物风险状况

①实施环境信息调查。建立化学物质环境信息调查制度。开展化学物质基本信息调查，摸清重点行业、重点化学物质生产使用的品种、数量、用途等基本信息。针对被列入优先评估计划的化学物质，进一步开展生产、加工使用、环境排放数量及途径、危害特性等详细信息调查。2023 年年底前，完成首轮化学物质基本信息调查和首批优先评估化学物质详细信息调查。

②开展环境调查监测。逐步建立新污染物环境调查监测制度。研究制定新污染物调查试点监测方案。依托现有生态环境监测网络，不断提高新污染物调查监测数据质量。以长江、黄河等流域和重点饮用水水源地，京津冀、长三角、珠三角等区域，以及渤海、南海、长江口、杭州湾、珠江口等海域为重点，以高危害、国内外高度关注、高产（用）量、分散式用途的化学物质为重点，试点开展环境调查监测。针对被列入优先评估计划的化学物质，对重点行业企业、典型工业园区、城镇污水处理厂、垃圾焚烧厂、危险废物处理处置设施的排放及周边环境等，试点开展环境调查监测。在华北平原、中西部等居民饮用水依赖地下水程度较高的地区，针对浅层地下水型饮用水水源，开展新污染物调查和监测试点，探索建立地下水中新污染物调查、监测及健康风险评估技术方法。选择典型的重点区域，开展新污染物对相关人群的环境暴露评估分析。到 2025 年年底前，初步建立新污染物环境调查监测体系。

③评估环境风险。建立化学物质环境风险评估制度。研究制定化学物质环境风险筛查和评估方案。完善化学物质环境风险评估数据库，梳理国内外现有权威数据，以国内外高度关注、高产（用）量、分散式用途、环境检出率高的化学物质为重点，开展化学物质环境与健康危害测试及风险筛查。综合分析化学物质危害及环境暴露情况，制订并动态发布优先评估计划，每年完成 5～10 种化学物质的环境风险评估。动态发布《优先控制化学品名录》。预计到 2022 年年底前，发布第一批优先评估计划。

④动态发布重点管控新污染物清单。针对被列入《优先控制化学品名录》的化学物质，以及抗生素、微塑料等国内外高度关注且环境检出率高的其他新污染物，制定“一品一策”的管控措施，开展管控措施的技术可行性和经济社会影响评估，识别优先控制

化学品主要环境排放源，适时制（修）订相关行业排放标准，动态更新有毒有害大气污染物名录、有毒有害水污染物名录、重点控制的土壤有毒有害物质名录，研究制定禁止或限制用途的化学物质名录。在此基础上制定《重点管控新污染物清单》，定期更新发布。有条件的地区在落实国家任务要求的基础上，参照国家标准和指南，先行开展化学物质环境调查、环境监测和环境风险评估，因地制宜地制定地区重点管控新污染物补充清单和管控方案，制定并完善相关的地方政策、标准等。

（3）严格源头管控，防范新污染物产生

①全面落实新化学物质环境管理登记制度。严格执行《新化学物质环境管理登记办法》，落实企业新化学物质环境风险防控的主体责任。对涉及新化学物质登记的企业开展专项监督抽查。建立健全新化学物质登记测试数据质量监管机制，对新化学物质登记测试数据质量进行现场核查，并公开核查结果。建立国家和地方联动的监督执法机制，按照“双随机、一公开”的原则，将新化学物质环境管理事项纳入环境执法年度工作计划，加大对违法企业的处罚力度。做好新化学物质和现有化学物质环境管理衔接工作，动态完善《中国现有化学物质名录》。

②严格实施淘汰或限用措施。将拟禁止或限制生产、加工使用的化学物质以及相关工艺、装备等纳入《产业结构调整指导目录》淘汰类或限制类，研究将相关替代品及替代技术纳入《产业结构调整指导目录》鼓励类。对被纳入《产业结构调整指导目录》淘汰类或限制类的工业化学品、农药、药品、兽药、化妆品等，依法停止其产品登记或生产许可证的核发。严格涉新污染物建设项目的准入，强化环境影响评价管理，对于不符合禁止生产或限制使用化学物质管理要求的建设项目，依法不予批准实施。将拟禁止进出口的化学品纳入《禁止进（出）口货物目录》，加强进出口管控；将严格限制用途的化学品纳入《中国严格限制的有毒化学品名录》，强化进出口环境许可管理；采取激励政策，引导企业事业单位持续开发、推广无毒无害、低毒低害的原料和产品。

自 2021 年 12 月 26 日起，禁止六溴环十二烷的生产、加工使用和进出口；到 2022 年年底，禁止销售含塑料微珠的日化产品。到 2025 年年底前，逐步禁止 PFHxS 类、十溴二苯醚、短链氯化石蜡、五氯苯酚及其盐类和酯类、六氯丁二烯、得克隆的生产、加工使用和进出口；严格限制 PFOS 类、PFOA 类的生产和加工使用；禁止将壬基酚用于农药助剂；基本实现二噁英类全面达标排放。

③加强产品中有毒有害化学物质含量控制。对拟采取含量控制的化学物质，将有关要求纳入相关强制性国家标准，并严格监督落实，减少产品在消费过程中新污染物的环

境排放。逐步完善玩具、学生用品等重要消费品中有毒有害化学物质含量限值强制性国家标准。到 2023 年年底前，制定氯化石蜡产品中短链氯化石蜡的含量限值标准。

（4）强化过程控制，减少新污染物排放

该行动方案对再生有色金属行业二噁英污染防治过程控制的措施如下：加强清洁生产和绿色制造。加大清洁生产推广力度，对使用有毒有害化学物质进行生产或者在生产过程中排放有毒有害化学物质的企业，实施强制性清洁生产审核，全面推进清洁生产改造或清洁化改造。企业应采取便于公众知晓的方式公布使用有毒有害原料的名称、数量、用途，以及排放有毒有害化学物质的名称、浓度和数量等相关信息。强化产品全生命周期绿色管理。推动将有毒有害化学物质的替代和排放控制要求纳入绿色产品、绿色园区、绿色工厂和绿色供应链等绿色制造评价指标体系。

（5）深化末端治理，持续降低环境风险

①加强新污染物多环境介质协同治理。制定相关污染控制技术规范，加强对有毒有害大气污染物、有毒有害水污染物的环境治理。排放重点管控新污染物的企事业单位，应采取有效的污染控制措施，满足相关污染物排放控制标准及环境质量目标要求，按照排污许可管理有关要求，依法申领排污许可证或填写排污登记表，将执行的污染控制标准要求及采取的污染控制措施在其中予以载明。督促排放有毒有害水污染物、有毒有害大气污染物等重点管控新污染物的企业事业单位和其他生产经营者，按照《中华人民共和国水污染防治法》《中华人民共和国大气污染防治法》等相关法律法规要求，对排污（放）口及其周边环境开展定期环境监测，评估环境风险，定期排查整治环境安全隐患，公开新污染物信息，采取有效措施防范环境风险。土壤污染重点监管单位应当严格控制有毒有害物质排放，建立土壤污染隐患排查制度，保证持续有效地防止有毒有害物质的渗漏、流失、扬散。

②强化含特定新污染物废物的收集利用处置。严格规范废药品、废农药及抗生素生产过程中产生的废母液、废反应基和培养基等废物的收集利用处置行为。研究制定含特定新污染物废物的检测方法、鉴定技术标准和利用处理处置污染控制技术规范。

③开展新污染物治理工程示范试点。在长江、黄河等流域和重点饮用水水源地周边，重点河口、重点海湾、重点海水养殖区，以及京津冀、长三角、珠三角等区域，针对石化化工、橡胶、树脂、涂料、印染、原料药、污水处理厂等重点行业领域，选取重点工业园区和企业，开展一批新污染物环境风险防控与治理工程试点示范，形成一批有毒有害化学物质绿色替代、新污染物减排、污水和污泥、废液和废渣中新污染物治理示范技

术。鼓励有条件的地区制定激励政策，与企业签署自愿协议，先行先试，减少新污染物的产生和排放。

（6）加强实施保障，夯实综合治理基础

①加强组织领导。全面落实生态环境保护“党政同责”“一岗双责”。地方省级党委和政府是实施该行动方案的主体，要于2022年年底前组织制定本地区新污染物治理工作方案，细化分解目标任务，明确部门分工，抓好工作落实。各有关部门按照职责分工，积极作为、分工协作、共同做好新污染物治理工作。2025年对本行动方案的实施情况进行评估。视情况将新污染物治理中存在的突出生态环境问题纳入中央生态环保督察范围。

②强化监管执法。加强国家和地方对新污染物治理的监督、执法和监测能力建设。督促企业落实主体责任，严格落实国家和地方新污染物治理要求。加强重点管控新污染物排放的执法性监测和重点区域的环境监测。依法开展涉重点管控新污染物相关企业事业单位的现场检查，加大对未按规定落实环境风险管控措施企业的监督执法力度。加强禁止或限制类有毒有害化学物质，或含有禁止或限制类有毒有害化学物质产品的生产、使用、进出口的监督和执法力度。

③拓宽资金投入渠道。鼓励社会资本进入新污染物治理领域，研究将新污染物治理纳入绿色金融体系，引导金融机构加大信贷支持。新污染物治理按规定享受税收优惠政策。

④加大科技支撑力度。在国家科技计划中加强新污染物治理科技攻关，开展有毒有害化学物质危害识别、迁移转化、综合毒性减排、环境风险评估与管控及技术标准等关键技术研究。加强化学物质危害测试技术、致毒机理、人体健康影响、计算毒理学应用等研究，提升危害识别能力。加强化学物质非靶向和高通量监测技术、环境排放场景与暴露预测预警、追踪溯源等方法研究，提升风险评估能力。加强有毒有害化学物质替代、减排技术以及污水处理、饮用水净化、固体废物处置、污染土壤修复等过程中新污染物去除技术研发，提升风险管控与污染治理能力。加强针对新污染物的前瞻性研究，探索相关新理论和新技术等，提升国家创新和引领能力。

⑤加强基础能力建设。加强国家和区域（流域、海域）化学物质环境风险评估和新污染物的环境监测技术支撑保障能力。利用移动互联网、物联网、大数据等新技术，建设国家化学物质环境风险管理信息系统，构建化学物质计算毒理与暴露预测平台。整合现有资源，加快建设一批涵盖新污染物的危害测试、暴露评估、监测检测、计算毒理、环境风险管控等专业领域的重点实验室和科研基地，培育一批符合良好实验室规范的化

学物质危害测试实验室。加强专业人才队伍建设和专项培训，鼓励和支持企业提升环境管理能力和技术能力。

⑥加强社会共治。推进新污染物治理信息公开。将新污染物治理纳入环境信用体系，完善守信激励与失信惩戒机制。鼓励公众通过多种渠道，举报涉及新污染物的环境违法犯罪行为。发挥社会舆论监督作用。树立绿色消费理念，推进绿色采购，引导公众选用绿色产品。

⑦强化宣传教育。积极开展多种形式的新污染物治理科普宣传教育，引导公众科学认识新污染物环境风险。将新污染物治理科学知识纳入党政领导干部培训内容。加强法律法规政策宣传解读。各地要建立宣传引导协调机制，发布权威信息，及时回应群众关心的热点、难点问题。新闻媒体要充分发挥监督引导作用，积极宣传新污染物治理法律法规、政策文件和经验做法等。

⑧加强国际交流与合作。借助双边、多边国际合作机制，加强新污染物科学研究、环境风险评估与管控、治理修复等技术方面的国际合作与交流，借鉴国外先进经验，分享国内实践成果。积极参与化学品国际环境公约和国际化学品环境管理行动计划谈判，在全球环境治理中发挥积极作用。

重点管控新污染物清单（2021 年版）见表 3-4。

表 3-4　重点管控新污染物清单（2021 年版）

物质名称	主要管控措施
二噁英类	（1）严格落实《钢铁烧结、球团工业大气污染物排放标准》（GB 28662—2012）、《炼钢工业大气污染物排放标准》（GB 28664—2016）、《再生铜、铝、铅、锌工业污染物排放标准》（GB 31574—2015）、《水泥窑协同处置固体废物污染控制标准》（GB 30485—2013）、《生活垃圾焚烧污染控制标准》（GB 18485—2014）、《危险废物焚烧污染控制标准》（GB 18484—2020）、《火葬场大气污染物排放标准》（GB 13801—2015）、《合成树脂工业污染物排放标准》（GB 31572—2015）、《石油化学工业污染物排放标准》（GB 31571—2015）、《制浆造纸工业水污染物排放标准》（GB 3544—2008）、《城镇污水处理厂污染物排放标准》（GB 18918—2009）、《制药工业大气污染物排放标准》（GB 37823—2019）、《农药制造工业大气污染物排放标准》（GB 39727—2020）、《医疗废物处理处置污染控制标准》（GB 39707—2020）等行业二噁英排放标准，实现达标排放。 （2）二噁英含量大于 15 μg TEQ/kg 的废物应当按照危险废物实施环境管理。 （3）严格执行土壤污染筛选值和管制值，识别和管控有关的土壤环境风险。

注：PFOS 类、五氯苯酚及其盐类和酯类、二噁英类物质的定义和范围依照《关于持久性有机污染物的斯德哥尔摩公约》中的规定。

31 中国对再生金属行业提出什么样的清洁生产要求来减少二噁英污染?

近年来，国家一直在推动再生有色金属行业清洁生产评价指标体系的制（修）订工作，特别是 2018 年发布的《再生铜行业清洁生产评价指标体系》，首次明确了二噁英污染控制的生产工艺与装备要求指标、污染物产生指标、清洁生产管理指标。

再生铜行业清洁生产评价指标体系见表 3-5。

表 3-5　再生铜行业清洁生产评价指标项目、权重及基准值

序号	一级指标	一级指标权重	二级指标		单位	二级指标权重	Ⅰ级基准值	Ⅱ级基准值	Ⅲ级基准值
1	生产工艺和装备指标	0.2	* 废杂铜选取			0.1	选取纯净的铜废料，不含绝缘层，如去皮的电线缆等；对漆包线等除漆需要焚烧的，须采用烟气治理设施完善的环保型焚烧炉		
2			熔炼工序	生产规模		0.05	≥10 万 t	≥5 万 t	
3				熔炼炉		0.05	采用烟气治理设施完善的炉型，如 NGL 炉、旋转顶吹炉、精炼摇炉、倾动式精炼炉、100 t 以上的改进型反射炉及其他先进的熔炼炉		
4				* 燃料		0.15	天然气	煤气、重油	
5				* 熔炼工艺		0.1	富氧助燃（含氧量 80% 以上）	富氧助燃	空气助燃
6				熔炼还原剂		0.05	天然气	碳还原剂（含硫量小于 1%）	
7				* 烟气治理装备		0.1	具有先进的脱硫、除尘、除二噁英技术装备，其脱硫效率≥95%、除尘效率≥98%、二噁英去除率≥97%；同时采用低氮燃烧技术	具有良好的脱硫、除尘、除二噁英技术装备，其脱硫效率≥90%、除尘效率≥95%、二噁英去除率≥95%；同时采用低氮燃烧技术	具有良好的脱硫、除尘技术装备，其脱硫效率≥90%、除尘效率≥95%
8				自动化控制系统		0.05	自动控制进料和冶炼过程，具有炉温、压力、流量、气体成分等在线监测参数与自动报警装置	手动控制进料和冶炼过程，具有炉温、压力、流量等监测参数	
9				废气无组织排放处理		0.05	熔炼炉密闭生产，炉门逸出气体通过单独烟气处理系统收集		
10				烟尘收集和处理		0.05	采用脉冲袋式除尘设备	采用袋式除尘、旋风除尘或其他除尘设备	
11				粉状物料储运		0.05	具有仓库储存粉料，贮存仓库配通风设施，封闭输送粉料，粉料输送过程需配套收尘系统	具有仓库储存粉料，贮存仓库配通风设施，封闭输送粉料	
12				余热利用装置		0.1	具有高效的余热锅炉，用于供给热水、热空气或发电		

续表

序号	一级指标	一级指标权重	二级指标		单位	二级指标权重	Ⅰ级基准值	Ⅱ级基准值	Ⅲ级基准值
13	污染物产生指标	0.2	废气	单位产品烟气产生量	m^3/t	0.1	≤10 000		
14				* 二氧化硫	kg/t	0.1	≤5	≤10	≤15
15				* 氮氧化物	kg/t	0.1	≤1	≤2	
16				烟尘（颗粒物）	kg/t	0.05	≤5	≤10	≤15
17				烟尘中的金属（Pb、As、Cr、Cd、Sn、Sb 等）	g/t	0.05	Pb：≤400；As：≤80；Cr：≤200；Cd：≤10；Sn：≤200；Sb：≤200		
18				硫酸雾	mg/m^3	0.025	≤20		
19				* 二噁英	μg TEQ/t	0.1	≤50	≤100	
20	清洁生产管理指标	0.2	* 环境法律法规标准执行情况			0.2	符合国家和地方有关环境法律法规，废水、废气、噪声等污染物排放符合国家和地方排放标准；污染物排放应达到国家和地方污染物排放总量控制指标和排污许可证管理要求，符合行业产业政策各项要求，严格执行建设项目环境影响评价制度和建设项目环保“三同时”制度		
21			开展清洁生产审核			0.05	通过国家和地方要求的清洁生产审核		
22			固体废物处理处置			0.05	采用符合国家规定的废物处置方法处理废物；一般固体废物按照 GB 18599 进行妥善处理；危险固体废物根据《国家危险废物名录》的相关要求，按照 GB 18597 的相关规定执行		

续表

序号	一级指标	一级指标权重	二级指标	单位	二级指标权重	Ⅰ级基准值	Ⅱ级基准值	Ⅲ级基准值
23	清洁生产管理指标	0.2	环境管理体系制度		0.05	按照 GB/T 24001 建立并运行环境管理体系，环境管理程序文件及作业文件齐备		
24			污染物排放监测		0.05	按照《污染源自动监控管理办法》的规定，安装污染物排放自动监控设备，且与生态环境主管部门的监控系统联网，装置能正常运行		
25			废水处理设施管理		0.05	建有废水处理设施运行中控系统，建立治污设施运行台账	建立治污设施运行台账	
26			环境管理制度和组织机构		0.05	有完善的环境管理制度和机构以及专业的环境管理人才		
27			污水排放口管理		0.05	排污口符合《排污口规范化整治技术要求（试行）》的相关要求		
28			环境信息公开		0.05	按照《环境信息公开办法（试行）》要求公开环境信息		
29						按照 HJ 617 编写企业环境报告书		
30			环境应急		0.05	制定意外事故的防范措施和应急预案，开展重大环境污染事故应急演练，建立重大事故应急预警机制，应急预案必须经过评审备案		
31			* 生产过程环境管理		0.1	对所有原辅材料均有质检制度和消耗定额管理制度；对所有生产工序有操作规程，主要岗位有作业指导书		
32					0.1	硫酸的输送和贮存符合 GB/T 534 的要求		
33					0.1	电解生产车间地面采取防渗、防漏和防腐措施，车间内墙面和天花板采取防腐措施，电解液贮槽和污水系统具有防腐、防渗措施。		
34					0.05	按照行业无组织排放监管的相关政策要求，加强对无组织排放的防控措施，减少生产过程的无组织排放		

注：带 * 的指标为限定性指标

32 为防治二噁英等有毒有害物质对工矿用地土壤和地下水的污染，中国有哪些具体要求？

2018 年生态环境部发布了《工矿用地土壤环境管理办法（试行）》。

（1）总则

1）为了加强对工矿用地土壤和地下水环境保护监督管理，防治工矿用地土壤和地下水污染，根据《中华人民共和国环境保护法》《中华人民共和国水污染防治法》等法律法规和国务院印发的《土壤污染防治行动计划》，制定本办法。

2）本办法适用于从事工业、矿业生产经营活动的土壤环境污染重点监管单位用地土壤和地下水的环境现状调查、环境影响评价、污染防治设施的建设和运行管理、污染隐患排查、环境监测和风险评估、污染应急、风险管控和治理与修复等活动，以及相关环境保护监督管理。

矿产开采作业区域用地，固体废物集中贮存、填埋场所用地，不适用本办法。

工矿用地土壤环境管理办法（试行）

《工矿用地土壤环境管理办法（试行）》已于2018年4月12日由生态环境部部务会议审议通过，现予公布，自2018年8月1日起施行。

生态环境部部长 李干杰

2018年5月3日

工矿用地土壤环境管理办法（试行）

第一章 总 则

第一条 为了加强工矿用地土壤和地下水环境保护监督管理，防治工矿用地土壤和地下水污染，根据《中华人民共和国环境保护法》《中华人民共和国水污染防治法》等法律法规和国务院印发的《土壤污染防治行动计划》，制定本办法。

第二条 本办法适用于从事工业、矿业生产经营活动的土壤环境污染重点监管单位用地土壤和地下水的环境现状调查、环境影响评价、污染防治设施的建设和运行管理、污染隐患排查、环境监测和风险评估、污染应急、风险管控和治理与修复等活动，以及相关环境保护监督管理。

矿产开采作业区域用地，固体废物集中贮存、填埋场所用地，不适用本办法。

第三条 土壤环境污染重点监管单位（以下简称重点单位）包括：

（一）有色金属冶炼、石油加工、化工、焦化、电镀、制革等行业中应当纳入排污许可重点管理的企业；

（二）有色金属矿采选、石油开采行业规模以上企业；

（三）其他根据有关规定纳入土壤环境污染重点监管单位名录的企事业单位。

重点单位以外的企事业单位和其他生产经营者生产经营活动涉及有毒有害物质的，其用地土壤和地下水环境保护相关活动及相关环境保护监督管理，可以参照本办法执行。

第四条 生态环境部对全国工矿用地土壤和地下水环境保护工作实施统一监督管理。

3）土壤环境污染重点监管单位（以下简称重点单位）包括：

①有色金属冶炼、石油加工、化工、焦化、电镀、制革等行业中应当纳入排污许可重点管理的企业。

②有色金属矿采选、石油开采行业规模以上企业。

③其他根据有关规定纳入土壤环境污染重点监管单位名录的企事业单位。

重点单位以外的企事业单位和其他生产经营者生产经营活动涉及有毒有害物质的，其用地土壤和地下水环境保护相关活动及相关环境保护监督管理，可以参照本办法执行。

④生态环境部对全国工矿用地土壤和地下水环境保护工作实施统一监督管理。

县级以上地方生态环境主管部门负责本行政区域内的工矿用地土壤和地下水环境保护相关活动的监督管理。

⑤设区的市级以上地方生态环境主管部门应当制定公布本行政区域的土壤环境污染重点监管单位名单，并动态更新。

⑥工矿企业是工矿用地土壤和地下水环境保护的责任主体，应当按照本办法的规定开展相关活动。

造成工矿用地土壤和地下水污染的企业应当承担治理与修复的主体责任。

（2）污染防控

1）重点单位新建、改建、扩建项目，应当在开展建设项目环境影响评价时，按照国家有关技术规范开展工矿用地土壤和地下水环境现状调查，编制调查报告，并按规定上报环境影响评价基础数据库。

重点单位应当将前款规定的调查报告主要内容通过其网站等便于公众知晓的方式向社会公开。

2）重点单位新建、改建、扩建项目用地应当符合国家或者地方有关建设用地土壤污染风险管控标准。

重点单位通过新建、改建、扩建项目的土壤和地下水环境现状调查，发现项目用地污染物含量超过国家或者地方有关建设用地土壤污染风险管控标准的，土地使用权人或者污染责任人应当参照污染地块土壤环境管理有关规定开展详细调查、风险评估、风险管控，开展治理与修复等活动。

3）重点单位建设涉及有毒有害物质的生产装置、储罐和管道，或者建设污水处理池、应急池等存在土壤污染风险的设施，应当按照国家有关标准和规范的要求，设计、建设和安装有关防腐蚀、防泄漏设施和泄漏监测装置，防止有毒有害物质污染土壤和地下水。

4）重点单位现有地下储罐储存有毒有害物质的，应当在本办法公布后一年之内，将地下储罐的信息报所在地设区的市级生态环境主管部门备案。

重点单位新建、改建、扩建项目地下储罐储存有毒有害物质的，应当在项目投入生产或者使用之前，将地下储罐的信息报所在地设区的市级生态环境主管部门备案。

地下储罐的信息包括地下储罐的使用年限、类型、规格、位置和使用情况等。

5）重点单位应当建立土壤和地下水污染隐患排查治理制度，定期对重点区域、重点设施开展隐患排查。发现污染隐患的，应当制定整改方案，及时采取技术、管理措施以消除隐患。隐患排查、治理情况应当如实记录并建立档案。

重点区域包括涉及有毒有害物质的生产区，原材料及固体废物的堆存区、储放区和转运区等；重点设施包括涉及有毒有害物质的地下储罐、地下管线，以及污染治理设施等。

6）重点单位应当按照相关技术规范要求，自行或委托第三方定期开展土壤和地下水监测，重点监测存在污染隐患的区域和设施周边的土壤、地下水，并按照规定公开相关信息。

7）重点单位在隐患排查、监测等活动中发现工矿用地土壤和地下水存在污染迹象的，应当排查污染源，查明污染原因，采取措施防止新增污染，并参照污染地块土壤环境管理有关规定及时开展土壤和地下水环境调查与风险评估，根据调查与风险评估结果采取风险管控或治理与修复等措施。

8）重点单位拆除涉及有毒有害物质的生产设施设备、构筑物和污染治理设施的，应当按照有关规定，事先制定企业拆除活动污染防治方案，并在拆除活动前 15 个工作日报所在地县级生态环境、工业和信息化主管部门备案。

企业拆除活动污染防治方案应当包括被拆除生产设施设备、构筑物和污染治理设施的基本情况、拆除活动全过程土壤污染防治的技术要求、针对周边环境的污染防治要求等内容。

重点单位拆除活动应当严格按照有关规定实施残留物料和污染物、污染设备和设施的安全处理处置，并做好拆除活动相关记录，防范拆除活动污染土壤和地下水。拆除活动相关记录应当长期保存。

9）重点单位突发环境事件应急预案应当包括防止土壤和地下水污染相关内容。

重点单位突发环境事件造成或者可能造成土壤和地下水污染的，应当采取应急措施避免或减少土壤和地下水污染；应急处置结束后，应当立即组织开展环境影响和损害评估工作，评估认为需要开展治理与修复的，应当制定并落实污染土壤和地下水的治理与修复方案。

10）重点单位终止生产经营活动前，应当参照污染地块土壤环境管理有关规定，开展土壤和地下水环境初步调查，编制调查报告，及时上传全国污染地块土壤环境管理信息系统。

重点单位应当将前款规定的调查报告主要内容通过其网站等便于公众知晓的方式向社会公开。

土壤和地下水环境初步调查发现该重点单位用地污染物含量超过国家或者地方有关建设用地土壤污染风险管控标准的，应当参照污染地块土壤环境管理有关规定开展详细调查、风险评估、风险管控、开展治理与修复等活动。

（3）监督管理

1）县级以上生态环境主管部门有权对本行政区域内的重点单位进行现场检查。被检查单位应当予以配合，并如实反映情况，提供必要的资料。实施现场检查的部门、机构及其工作人员应当为被检查单位保守商业秘密。

2）县级以上生态环境主管部门对重点单位进行监督检查时，有权采取下列措施：

①进入被检查单位进行现场核查或者监测；

②查阅、复制相关文件、记录其他有关资料；

③要求被检查单位提交有关情况说明。

3）重点单位未按本办法开展工矿用地土壤和地下水环境保护相关活动或者弄虚作假的，由县级以上生态环境主管部门将该企业失信情况记入其环境信用记录，并通过全国信用信息共享平台、国家企业信用信息公示系统向社会公开。

（4）附则

1）本办法所称的下列用语的含义：

①矿产开采作业区域用地，指露天采矿区用地、排土场等与矿业开采作业直接相关的用地。

②有毒有害物质，是指下列物质：

a. 列入《中华人民共和国水污染防治法》规定的有毒有害水污染物名录的污染物；

b. 列入《中华人民共和国大气污染防治法》规定的有毒有害大气污染物名录的污染物；

c.《中华人民共和国固体废物污染环境防治法》规定的危险废物；

d. 国家和地方建设用地土壤污染风险管控标准管控的污染物；

e. 列入优先控制化学品名录内的物质；

f. 其他根据国家法律法规有关规定应当纳入有毒有害物质管理的物质。

③土壤和地下水环境现状调查，指对重点单位新建、改建、扩建项目用地的土壤和地下水环境质量进行的调查评估，其主要调查内容包括土壤和地下水中主要污染物的含量等。

④土壤和地下水污染隐患，指相关设施设备因设计、建设、运行管理等不完善，而导致相关有毒有害物质泄漏、渗漏、溢出等污染土壤和地下水的隐患。

⑤土壤和地下水污染迹象，指通过现场检查和隐患排查发现有毒有害物质泄漏或疑似泄漏，或通过土壤和地下水环境监测发现土壤或地下水中污染物含量升高的现象。

2）本办法自 2018 年 8 月 1 日起施行。

参考文献

[1] 沈平.《斯德哥尔摩公约》与持久性有机污染物(POPs)[J]. 化学教育, 2004(6): 6-10.
[2] 耿静. 二噁英类的控制政策及效果分析[M]. 北京: 冶金工业出版社, 2011.
[3] 周军英, 汪云岗. 美国大气污染物排放标准体系综述[J]. 农村生态环境, 1999, 15(1): 53-58.
[4] 陈小亮. 中美二噁英相关标准的比较[J]. 中国环境管理, 2014, 6(3): 26-30.
[5] 蔡震霄, 黄俊, 张清, 等. 二噁英类减排的国际动向和我国的战略构想[J]. 环境化学, 2006, 25(3): 277-282.
[6] 蔡震霄, 黄俊, 张清, 等. 日本二噁英减排控制的历程、经验与启示[J]. 环境污染与防治, 2006(11): 837-840.
[7] 环境保护部科技标准司. 再生铜、铝、铅、锌工业污染物排放标准: GB 31574—2015[S]. 北京: 中国环境出版社, 2015.

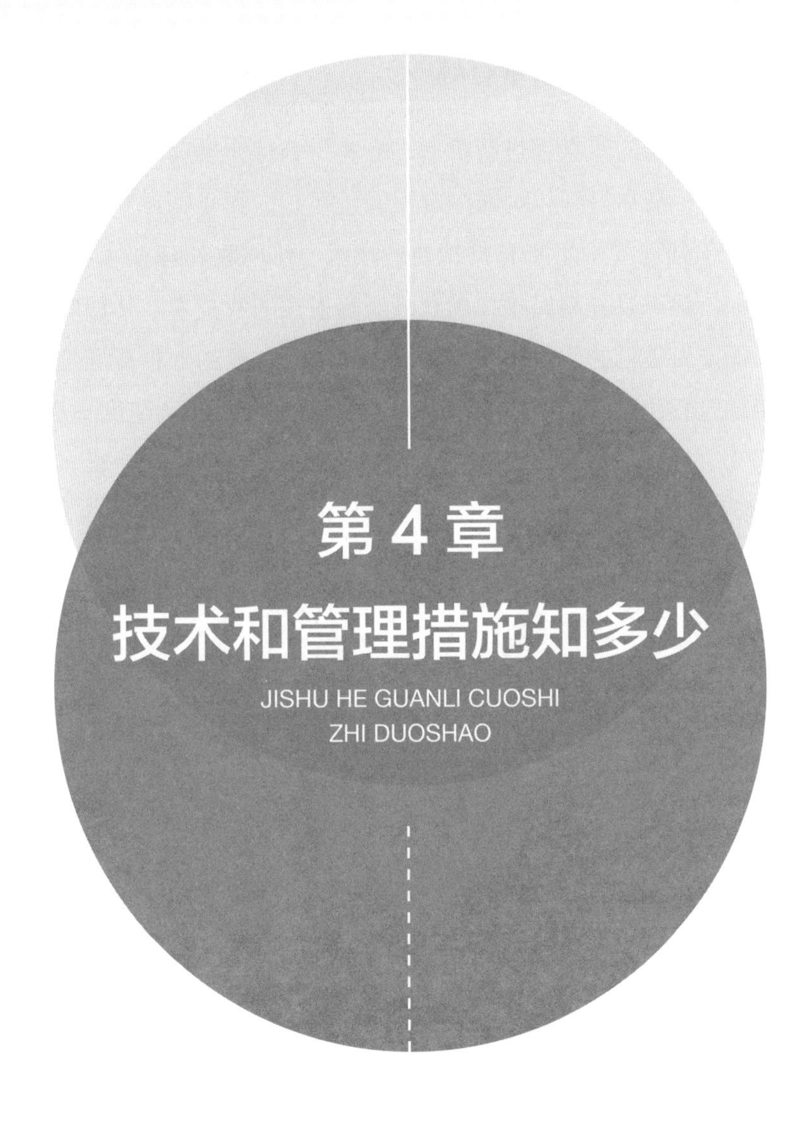

第 4 章
技术和管理措施知多少

JISHU HE GUANLI CUOSHI
ZHI DUOSHAO

POPs

ZAISHENG YOUSE JINSHU
GONGYE POPs WURAN FANGZHI
ZHI DUOSHAO

33 二噁英源头削减技术有哪些?

原料预处理是对混杂的废杂铜进行拆解、分类、分拣，挑选出夹杂的其他物质，除去废铜表面的油污等，最终得到相对纯净废铜的过程[1]。再生铜原料预处理是回收工艺过程的关键环节。预处理技术主要有机械处理技术、热回收处理技术、化学处理技术、低温冷冻处理技术、超声波分离回收技术和高压水射流回收技术。热回收处理技术在废电线缆回收金属铜方面最早的应用主要是焚烧法，使废线缆的塑料皮燃烧，然后回收其中的铜。但在焚烧过程中铜线的表面严重氧化，金属回收率低且纯度不高；与此同时，焚烧所产生的烟气中含有有毒有害气体和粉尘；且焚烧法技术简单，很多家庭式的拆解作坊随意露天焚烧电线缆，造成了极大的环境污染。该法现已被很多国家禁止使用[2]。

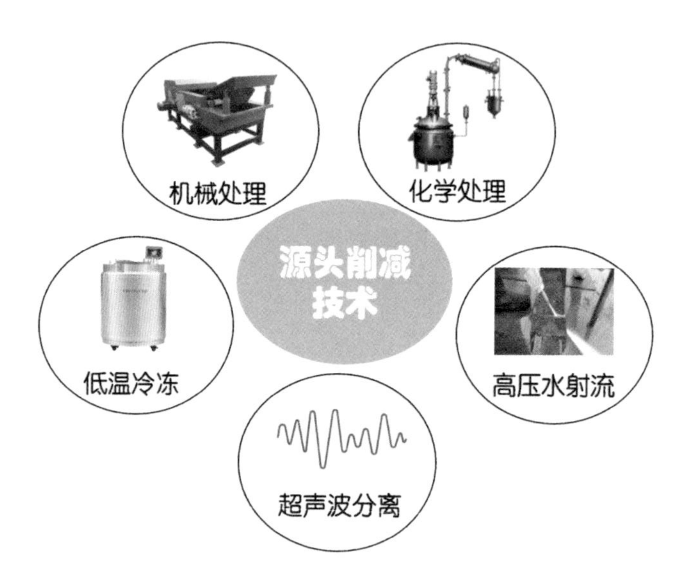

（1）机械处理技术

机械处理技术是目前各金属回收企业采用的主要技术。该技术是利用机械将废旧电线缆的铜芯和塑料外皮进行分离，回收利用其中的铜。现在最常用的机械回收技术有剥线和粉碎两种[3-5]，使用的设备为剥线机和铜米机。

剥线技术的原理是通过切刀将废电线电缆表皮沿其轴线方向切开，使金属导线与塑料外皮分离。近几年，很多科研人员和企业对传统剥线机做了大量改进，使得剥线技术更为灵活实用。白建文[6]在剥线机上设置不同导辊，在电线卷绕过程中产生拉力，从而将绝缘外皮撕开，装置结构简单，安全可靠，操作方便。台州美新源环保设备科技有限公司[7]改进的废电线缆剥线技术，具有二次剥线功能，可以适用于不同类型的线缆，如硬质电缆线、橡胶皮电缆线、护套扁线、双扁线、圆形电缆线等。仲伟春[8]则对传统剥皮机设置了加热筒，先将废电缆进行加热，使得电缆绝缘外皮受热软化，更易被刀片划开。

粉碎技术是通过切断或粉碎等机械设备将废电线电缆直接破碎成颗粒状，再通过分选设备将塑料和金属分离开来，包含粉碎和分选的成套机械设备（即“铜米机”）。按照分选的方法不同，可以将铜米机分为干式铜米机和湿式铜米机。干式铜米机采用的是分选过程中不加水的分选方式，主要采用气流分选或静电分选等方法进行分选。湿式铜米机思路主要来源于选矿，采用重力摇床分选，以水为流体，在水流冲洗和床面振动的作用下，基于铜粒和塑料颗粒的密度不同，从而达到分选的目的。目前，国内的铜米机普遍采用“两级破碎＋气流分选”或湿式分选，静电分选采用得较少。国外的处理工艺大都采用“多级破碎＋多级分选”的组合模式，通常会在前道工序中加设预破碎工序[9]。传统铜米机中破碎设备最合适的破碎对象是线缆中金属导体直径与刀间距相同的线缆，即线型单一的废旧线缆，而实际中线缆的状态是杂乱无章的，破碎设备在处理乱线（线缆直径大小不一）时会造成刀具的不必要磨损，破碎难度大，且破碎效率较低。刘勇等[10]改进的垂直剪切式破碎技术，把传统铜米机技术中线缆在破碎设备内随机破碎方式改为线缆在外界控制下进行有序的剪切式破碎，使刀具与线缆间的磨损大大降低。罗震等[11]发明的碾磨式破碎技术，则将切割后直径≤1 mm 的短段线缆进入碾磨装置，将线缆绝缘皮碾破即可，无须碾成粉末状，绝缘外皮被碾破后进入干式分选装置。避免了传统的破碎装置中的间隙问题和多次切割问题。

（2）化学处理技术

化学处理技术主要是利用不与金属（铜）发生反应的盐类溶液或有机溶剂来溶解绝缘外皮，从而达到与金属分离的目的。化学方法相比机械破碎法，没有噪声和粉尘的产生，且能够处理量大和组成复杂的废电线电缆。

朴昌济等[12]研发了一种利用再生油从废电缆中提取金属线的技术，通过温水或蒸汽等加热介质，对加入废电缆及再生油的加热炉进行加热，从而将包覆废电缆的合成树脂（聚乙烯树脂）熔融，并经过滤、蒸发对再生油进行回收，过滤和蒸馏合成树脂，提取用于热源或燃料油的油，金属线脱油后回收利用。该方法中废电缆质量为 25%～45%，再生油质量为 55%～75%。再生油的温度上升至合成树脂的熔融温度，即 100～110℃时，废电缆合成树脂开始被熔融并混入再生油中。白云鹤等[13]发明的技术则是利用金属催化剂的催化作用，将废电线电缆塑胶包覆层迅速分解为以二氧化碳和水蒸气为主要成分，酸性气体和有害气体为副成分的混合气体及灰尘，从而达到使废电缆线外皮和金属分离的目的。实践中，可用二氧化钛作催化剂，处理过程中不断往反应槽送入热气，确保反应槽内金属催化剂的温度保持在 400～580℃，以使金属催化剂对废电线电缆的分解率保持最佳。通常 100 kg 颗粒状二氧化钛每小时可分解 10～50 kg 塑胶包覆层。

（3）低温冷冻处理技术

低温冷冻技术是利用制冷剂处理废电线电缆，经冷冻后的绝缘物、氧化金属、锌及锌合金属会变得很脆，易于破碎，铜和铝则仍具有塑性，再通过施加一定的压力碾压，实现外皮破碎，金属导线呈裸线状，即可利用磁选、筛分、水力分级、重力分选等方法将电线电缆中的各种物质区分出来。适合处理各种规格的电线和电缆。

朱玲、崔宏祥等[14, 15]利用该原理发明了利用液氮低温技术剥离废电线外皮的方法，将废塑料电线切割成 3～5 cm 长的块料，放入液氮中浸渍冷却 10～15 min，用辊压式粉碎设备粉碎，塑胶脆化时间最好≥30 s，碾压外力最好≥5 kg，其过程最好在≤180 s 内完成。该方法回收率在 95% 以上，自动程度高，且破碎后的塑料颗粒仍保持物质原有的高弹性及固有的物理性能，再生品质好。可适用于各种不同直径、软硬线芯塑胶外皮的电线电缆加工处理等。制冷剂需选择可实现低于 -40℃塑胶脆化温度的制冷剂。为了安全、方便使用，制冷剂最好具有无毒、不易燃、不易爆的性质，如液氮、氟利昂 R12、氟利昂 R14、二氧化碳。

（4）超声波分离回收技术

该技术是将废旧线缆段投入超声装置中，超声波产生的能量通过容器中的水时，会产生空化现象[16]，利用超声波的空化效应使浸在水中的电线来回摇摆振动，从而实现铜导线和塑料绝缘皮的分离。该技术可以避免机械粉碎对电线缆的反复切割，降低铜的损失和能源消耗。

凡乃峰等[17]研究了水温、电线被切长度和液固比率对分离效率的影响，试验证明，在热胀冷缩和超声波空化的双重作用下，当水温为 60℃时，分离率最大。对于单芯线缆和多芯线缆，线缆长度越短越有利于分离。在整体上分离率会随着固液比的增加而减小，线缆中铜的相对质量分数较高时（＞50%），绝缘层加在铜导线上的拘束力越小越能促进铜和绝缘层的分离。

刘振行[18]发明的超声波分离技术，将废旧线缆进行碾磨处理后在 -10℃冷冻 6 h，通过冷冻改变非金属层的物理性质，使得超声分离更加容易。超声装置中加水 10～20 倍量，于 40～60℃浸泡 0.5～2 h，于温度 40～50℃，超声功率为 500 W，声能密度为 0.3 W/cm^2，声波处理时间 5 s～5 min，超声处理 2 次，金属与非金属剥离效率可大于 90%。

刘勇等[19]发明的超声波分离方法则不具有冷冻步骤，将线缆剪切成颗粒，使其金属导体直径与线缆粒子的长度之比范围为 1 : 0.5～5，槽式超声波装置中水介质的温度范围为小于 100℃。超声温度采用 50～65℃，超声波工作频率为 9～40 kHz，声能密度为 0.4～0.8 W/cm^2，超声波处理时间 10 s～10 min，剥离效率可大于 85%。

（5）高压水射流回收技术

利用高压水射流回收废旧线缆主要采用高压水射流切割技术，当废旧线缆相对于高压水射流匀速移动时，高压水射流可将线缆的外层塑料割裂。高压水射流切割是冷态切割，在加工过程中没有任何热量影响，也没有热变形现象的发生，不会影响金属的品质。

何凯等[20]发明的高压水射流切割废电线缆技术，将分类的废旧线缆卷绕在卷筒上，设定高压水射流和进给机构的参数，高压水射流的压强一般大于 55 MPa，可根据废旧电线电缆尺寸，加大高压水射流的压强。如果某种规格的废旧电线电缆难以割裂，则根据实际需要降低进给机构的进给速度。然后利用简易的辅助分离机构或者手动将切割后的废旧线缆芯部的铜线和外层的塑料分离开来。

34 如何实现二噁英的过程控制?

（1）燃烧过程的控制

控制较好的燃烧系统对二噁英的破坏十分显著。为了达到完全燃烧，破坏二噁英的形成，需要从燃烧温度、停留时间、紊流度和氧气量方面进行控制。一般认为温度达到 850℃以上，燃烧区气体的停留时间达到 2 s，物料中存在的所有二噁英类物质均能被破坏。但为了更有效地使一些特殊碳材料完全燃烧，温度需达到 1 000℃，停留时间需要 1 s，雷诺数被建议大于 10 000，富氧水平建议在 3%～6%。此外，燃烧过程中还可以通过添加抑制剂来减少二噁英的生成，如钢铁烧结中可以通过在烧结原料中添加尿素来抑制二噁英类的生成。

（2）熔炼技术

1）NGL 炉

NGL 炉工艺是结合倾动炉和回转式阳极炉的优点而开发的一种废杂铜冶炼工艺，国内大型杂铜冶炼企业（如金升铜业）即采用 NGL 炉工艺。NGL 炉侧面有大的加料门兼作渣门，另一侧有氧化还原口，底部有透气砖，炉体可在一定角度内转动，用天然气、重油或粉煤作燃料，既可采用普通空气助燃，也可采用富氧或纯氧助燃。NGL 炉自动化程度较高，不用人工插管，炉体密闭，环保效果较好。目前 NGL 炉处理能力为 100～250 t，用于处理含铜 90% 以上的杂铜，炉渣含铜可控制在 15% 左右，燃烧系统采用稀氧燃烧后，热效率可提高 40%，成本大幅度降低[21]。

废杂铜火法精炼为周期性作业，按精炼过程中所发生的物理、化学变化的特点，废杂铜火法精炼的基本过程可分为 4 个阶段：

第一阶段：加料、熔化期；

第二阶段：氧化、造渣期；

第三阶段：还原期；

第四阶段：浇铸期。

① 第一阶段：加料、熔化期。

加料和熔化时炉体位置调节控制在 0° 位置。0° 炉位也是安全位置，即当 NGL 炉处在氧化、还原、浇铸等作业期的位置时发生事故停电和供气压力不足的情况下，炉体将在事故倾转装置的控制下自动倾转至 0° 位置。

从打包机房来的杂铜包块、浇铸系统废阳极板、电解残极，净液系统的黑铜板，在杂铜原料厂房内进行配料和装箱。配料的目的在于，根据杂铜品位高低，配混成适合精炼处理和脱杂的入炉炉料。

料箱为加料机专用料箱。装好料的箱子，通过叉车运到主厂房内放置于地面，经吊车吊至加料平台上。

移动式加料机将炉料包块通过 NGL 炉侧面的加料口分批加入炉内，然后由稀氧燃烧烧嘴通过燃烧天然气和氧气供热进行强化熔炼，同时将透气砖装置接通氮气进行氮气搅拌，以加强炉内熔体热传质效果，提高熔化速度。每个炉周期加料过程分多个批次进行，待前一批次固料熔化后再加入第二批次，直至炉内熔体液面到达 NGL 炉的容量要求为止。固体铜物料的重量由吊车电子秤称量并记录。燃料（天然气）量由燃烧阀组供给和调节。燃烧用氧气和燃料均由平台和 NGL 炉炉体之间的专用排管输送。

② 第二阶段：氧化、造渣期。

废杂铜中的杂质通过炉体上的氧化还原管路系统鼓入熔体中的压缩空气进行氧化，并加熔剂进行造渣。控制调节压缩空气流量，操纵炉体倾动装置使炉体朝浇铸侧倾转至炉位角 49°，进行氧化期作业的操作。当熔体中杂质含量降低到要求值时，氧化造渣过程结束，炉体转至安全位置 0°，准备排渣。通过操纵炉体倾转装置，将炉体从 0° 开始往加料侧倾转，倒渣极限位为 −5°。液态渣通过 NGL 加料口的排渣槽排出，经流槽排入渣包。通过调节不同部位透气砖的氮气流量，以及利用氧化还原系统鼓入的压缩空气可以辅助赶渣，加快排渣的速度，减轻人工扒渣的劳动强度。

③ 第三阶段：还原期。

排渣结束后，将还原剂（天然气）控制阀切换至输入位置，并控制炉体朝浇铸侧倾转至精炼位置（还原极限位置）炉位角 49°。还原剂（天然气）经氧化还原管路系统被送入熔体，进行还原作业。通过还原剂与熔体作用，可将在造渣期间生成的氧化亚铜还原成金属铜。还原期间氮气搅拌同时开启运行，对提高还原剂的利用率有显著的效果。

④ 第四阶段：浇铸期。

当对炉内铜水检验合格后，可以开始浇铸阳极板的作业。此前，应准备好浇铸溜槽和出铜口等设施。炉体从 0° 开始向浇铸侧倾转，开始浇铸操作，浇铸起始位置为 11.5°。炉体采用慢速倾转档缓慢转动。浇铸终点位置，倾转角为 55°。

精炼好的铜液通过流槽流入双圆盘浇铸机，浇铸成阳极板。合格阳极板用叉车运至临时堆场，待检验后倒运到阳极板堆场。

2）旋转顶吹炉

卡尔多炉工艺是一种富氧顶吹工艺，最早应用于瑞典波利顿公司，用于处理二次铜原料和部分含铅物料，后成功应用于铜阳极泥的火法处理。江西铜业在 2009 年 5 月引进了一台容量为 13 m^3 的卡尔多炉，用于处理中品位废杂铜和含铜物料，设计入炉物料含铜

70%，每炉装入量 80 t，单炉产粗铜 50 t，年产量为 5 万 t。

卡尔多炉操作过程为加料、熔化、再加料、再熔化，直至加满炉子为止。在加入原料的同时，将石英砂和石灰石加在废铜物料的上部，当温度处于 1 220～1 250℃时，炉渣排出，然后进行吹炼作业，直至炉内废铜液的品位达到 99% 后进行浇铸。在整个冶炼过程结束后，再进行下一周期的作业[22]。

卡尔多炉炉型适宜处理含杂质较高的复杂原料，过程简单。其处理废杂铜有很多优点：①熔炼、还原和吹炼可在一个熔炼炉内完成；②既可处理高品位杂铜，也可处理成分复杂的中低品位杂铜（处理范围包括处理铜含量为 50%～95% 的铜合金、铜含量一般为 15%～80% 的废旧电机、汽车散热器等复杂废铜、含铜 15%～30% 的粉尘、炉渣、铜泥等含铜物料）；③可以一次性产出弃渣，渣含铜量可小于 0.5%；④炉子结构紧凑，设备简单，可完全密闭，环保效果好，可满足严格的环境要求[23]。其缺点和不足是：间歇作业，操作频繁，烟气量和烟气成分呈周期变化，炉衬寿命短，单台炉产量小，年产量仅 5 万 t，不适合大规模的废杂铜处理。

3）精炼摇炉

精炼摇炉是在引进、消化倾动炉的基础上，由国内改进和完善的一种废杂铜冶炼工艺，处理能力为 350 t/ 炉，适合较大规模的工厂，处理的物料含铜量在 92% 以上。与倾动炉相比，精炼摇炉操作炉位和氧化还原原理相同，最大的改进在于引入炉体透气砖氮气搅拌技术，提高生产效率，同时改进炉尾的排烟方式，便于烟尘清理，燃烧系统在采用中央式富氧燃烧后，热效率提高，具有较好的节能减排效果。

①设备构造、工艺优点及自动化控制。

精炼摇炉工序主要由精炼摇炉本体、余热锅炉系统、烟气收尘系统等组成[24]。精炼摇炉设备主体为卧式筒体，主要由炉体、液压驱动装置及富氧烧嘴、透气砖组成。液压驱动装置由液压油缸、液压站及其控制部分的支撑元件、液压驱动元件组成；富氧烧嘴从精炼摇炉前端插入，透气砖装置由安装在精炼摇炉底板的透气砖及控制部分组成；精炼摇炉正面设废杂铜加料口和精炼渣出渣口，背面设置阳极铜出铜口。

余热锅炉系统主要包括锅筒和内部装置、水冷炉膛、凝渣管、省煤器、炉墙、灰斗、钢架和平台、各种管道。余热锅炉辅助设备包括二次风机、压缩空气吹灰器、取样冷却器及蒸汽消音器。余热锅炉的热源来自带有粉尘颗粒的腐蚀性高温气体、废料或废渣中的余热。

精炼摇炉工艺实现了在一个设备中完成废杂铜的熔化、氧化造渣、出渣及还原的短流程冶金过程，能提高生产效率和系统安全性、节能降耗。精炼摇炉既可以处理热料，又可以处理冷料，炉膛具有较大的热交换面积，炉体密封性能好，操作环境好，炉子寿命长，机械化自动化程度较高，具有如下特点：

a. 原料的适应性较强。废杂铜原料的物理规格和化学成分变化很大，特别是形形色色的冷料、块料，如光亮铜、水箱铜、铜米、电脑铜、铜片、粗铜、漆包线、水洗铜、铜条、铜粉、马达铜、水表黄、黄铜销件、黄铜齿轮、美国 1 号铜、美国 2 号铜等，但是精炼摇炉不受影响。

b. 一套透气砖系统，自动化程度较高。设备操作过程可实现机械自动化，氧化、排渣、还原作业均无须人工操作，维修方便，降低操作工人劳动强度。

c. 使用天然气作燃气及还原剂，低碳清洁生产，改善操作环境，烟气余热充分回收利用，单位产品综合能耗远低于国家标准，比矿铜节能减排程度更高。

精炼摇炉 DCS 控制系统包括以下几个控制部分：精炼摇炉燃烧阀组、炉喷枪阀组、氧化还原阀组、炉内负压控制、余热锅炉炉膛烟气含氧量控制、余热锅炉汽包液位调节等。

在各个控制站所控制的各工艺流程中，均配备可靠、先进的检测元件及执行机构，完成对车间生产过程及设备的监控。控制系统可对生产过程参数和设备的运行进行显示、累积、记录、调节、联锁和报警，对部分设备可进行自动或手动操作。

②操作过程及机理。

精炼摇炉设备操作过程分为熔化、氧化、还原、浇铸 4 个作业阶段。在精炼摇炉 0°下，废杂铜、石英石、石灰通过精炼摇炉的加料门投入炉体内，在高效富氧烧嘴的供热下，炉内物体快速熔化。

物料熔融状态下，摇动精炼摇炉角度，鼓入压缩空气进行氧化作业，比铜活泼的杂质氧化形成炉渣，可脱除大部分氧化铅等易挥发杂质到烟尘，再摇至排渣角度从出渣口排出；精炼摇炉再摇至还原角度吹入天然气作为还原剂进行还原，直至阳极铜含氧量≤0.2%；阳极铜经出铜口、溜槽、中心驱动圆盘浇铸机浇铸成物理外观符合要求的阳极板。

天然气作为燃料及还原剂，导致烟尘水分较高。天然气含氢是水分的主要来源，水分的另一个来源是废杂铜中的碳氢化合物。甲烷在还原状态下从 700℃时开始离解。化学反应方程式为

$$CH_4+2O_2=CO_2+2H_2O$$

4）倾动炉

2002 年，江西铜业从德国 Maerz 公司引进了倾动炉工艺，用于处理铜品位＞90% 的废杂铜。该炉处理能力为 350 t/ 炉，以重油为燃料。倾动炉处理废杂铜工艺克服了固定式反射炉自动化程度不高、工人劳动强度大、操作环境恶劣、环境污染严重等诸多问题，具有环保、安全、自动化程度高等优点，但是倾动炉没有熔体微搅动装置，传热传质能力较差，结构复杂。

倾动式阳极炉熔炼杂铜废料的基本工艺流程[25]，为紫杂铜和残极经配料后由加料机加入倾动炉熔炼，熔炼产生的阳极铜浇铸成阳极板，再经电解精炼产出阴极铜。具体工艺过程为：

①加料、熔化阶段：杂铜包块和残极、粗杂铜按一定比例配料后通过加料机加入倾动炉内，采用重油为燃料，通过富氧燃烧对杂铜废料进行熔化。

②氧化阶段：向炉内加入石英等熔剂，同时将压缩空气鼓入熔池内进行氧化造渣，产出的渣通过渣口和溜槽流入渣包。

③还原阶段：氧化造渣结束后，将液化气通过风管鼓入熔池进行还原脱氧。精炼产生的铜水通过圆盘浇铸机铸成阳极板，送电解工序。倾动式阳极炉熔炼具体工艺流程及产污节点如图 4-1 所示。

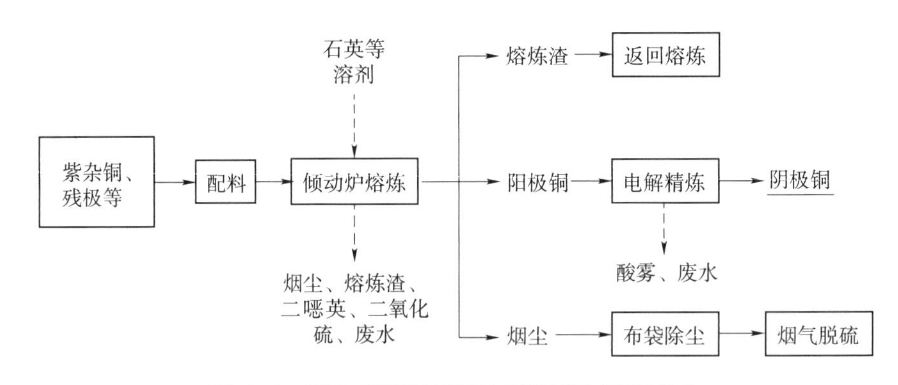

图 4-1　倾动式阳极炉具体工艺流程及产污节点

5）顶吹熔炼炉（澳斯麦特炉 / 艾萨炉）

在我国，应用顶吹浸没式喷枪熔炼（澳斯麦特炉 / 艾萨炉）工艺矿铜冶炼行业的工厂很多，目前国内至少有 10 座澳斯麦特炉（艾萨炉）在运行。在废杂铜冶炼方面，我国对该工艺的应用研究起步较晚，2016 年中国瑞林公司建成了一座处理中低品位废杂铜的顶吹熔炼炉实验工厂，用于技术开发和小规模处理电子废料。由中节能（汕头）再生资源技术有限公司开发，具有自主知识产权并投资建设的 2 万 t/a 废旧印刷电路板火法处理项目，采用顶吹浸没式喷枪熔炼工艺，于 2016 年 2 月建成并投入试生产运行[26]。在国外，该技术早已成功应用于废杂铜冶炼，比较典型的有德国的 Aurubis 和比利时的 Umicore 等。

顶吹熔炼炉冶炼低品位废杂铜包括两个阶段：第一阶段：熔炼期，将含铜物料、熔剂加入炉内，炉顶喷枪插入熔池熔体，通入空气和氧气对熔体进行强烈搅拌并发生剧烈反应，熔炼过程完成炉料熔化部分造渣反应。熔炼产物为含铜 98% 粗铜、含铜 10% 的炉渣、烟尘和烟气，粗铜从炉内分批排入阳极精炼炉；第二阶段：渣还原回收铜，从炉顶加料口加入焦炭或块煤，同时通过喷枪向熔体鼓入空气搅拌，熔炼期产出的含铜 10% 炉渣被还原，产出黑铜和富含锌、铅、锡的烟尘。黑铜留在炉内，在下一个周期与铜重新反应，生成粗铜，还原作业结束后产出的弃渣含铜 0.65%[27]，排出后经水淬外售。

中节能汕头贵屿废旧电路板顶吹熔炼炉项目，设计产能为处理废旧印刷电路板 2 万 t/a，出产富含贵金属的粗铜 4 000 t/a、溴化钠 700 t/a。其工艺主要包括 3 个部分：原料制备、熔炼、烟气处理。

6）全氧燃烧技术

全氧燃烧是采用纯氧代替空气助燃的一种高效的燃烧方式。再生铜精炼炉的全氧燃烧技术包括一套全氧燃烧器，一套氧气 / 天然气控制阀组和 PLC 控制系统。通过 PLC 系统对气体流量和氧燃比的全自动精确控制来实现更高效的燃烧方式[28]。

全氧燃烧技术的特点：

①火焰温度高、燃烧速度快。燃料在空气中和在纯氧中的燃烧速度相差较大，如氢气在纯氧中的燃烧速度是在空气中的 4.2 倍，天然气则达到 10.7 倍左右。所以用纯氧助燃后，不仅使火焰变短，提高了燃烧强度，而且提高了火焰辐射强度和强化辐射传热，从而也加快了燃烧速度。

②排气量和 NO_x 化合物量大幅降低。根据数据测算，全氧燃烧时，因为几乎没有了氮气的存在，所以烟气量减少了近 80%，同时废气中 NO_x 排放量降低 90% 以上。

③燃料大幅节约。全氧燃烧时，燃烧更加充分和完全，同时由于没有了氮气的存在，氮气带走的那部分热量也将大大节省。

以精炼摇炉处理冷料为例，介绍全氧燃烧工艺过程。整个作业过程为加料、熔化、氧化倒渣、还原保温和浇铸保温 5 个阶段，炉时 28～33 h[29]。

a. 加料。

采用全氧燃烧后，加料和熔化阶段时间明显缩短。但是因炉体较长导致熔化快速区域集中在炉体前半段区域，尤其是靠近炉内侧的烧嘴区域原料熔化最快。因此将整个加料过程分为三批进行，采用各炉门交替加料熔化操作，缩短加料和熔化时间。加料过程以第一批加料和第二批加料为主，第三批加料为补料操作确保单炉总吨位。

第一批原料以紫杂铜、碎杂铜、电解残极为主，以靠近烧嘴的炉门优先，加满后立刻关闭该门，提升火焰，开始加下一个炉门。在下一个炉门加满后，烧嘴的炉门原料已经基本熔化平整，所以继续在烧嘴的炉门加入剩余紫杂铜、碎杂铜和电解残极，第一批加料完毕。第二批加料以粗铜为主，第三批加料只加在烧嘴的炉门，其他门尽量不加或少加。加料过程中烧嘴的炉门开启则烧小火，烧嘴的炉门关闭则烧大火，避免热量外溢造成现场烟气污染，同时节约天然气用量。

b. 熔化。

第三批原料加完后的熔化期后期，为加快炉内铜料熔化，将炉体倾转到 10° 左右，利用已熔化的铜水进行预先搅拌，搅拌采用压缩空气和氮气混合，既能加速熔化，又能避免铜水过氧化导致砷渣含铜量增高。

c. 氧化倒渣。

氧化开始时，慢慢倾转炉体至 17°，氧化还原风管浸没在铜液中，喷吹气流充分搅动底部铜液。氧化过程中烧嘴天然气总流量控制在 800 m^3/h 以下，并且随着氧化过程持续而逐步减少到 500 m^3/h 左右。氧化操作 4～5 h 后加入熔剂石英石 4～5 t，搅拌 1～2 h 后开始倒渣作业。在倒渣过程中，炉体摇至 -1°～-3°，同时在靠近烧嘴的炉门处外加一根风管进行搅拌，实现搅拌提温、赶渣，提高倒渣速度和降低倒渣带出铜量。最终铜水温度控制为 1 150～1 200℃。

d. 还原保温。

还原阶段采用天然气掺氮还原。炉体零位时先开大氮气流量伴随小流量天然气，炉体倾转至 17°，再逐步提高天然气流量、降低氮气流量。在还原过程中保持 2# 烧嘴继续燃烧，天然气流量控制在 300 ～500 m^3/h、氧燃比 1.8∶1，避免天然气还原反应不充分出现炉口冒黑烟现象。还原持续 2.5～3.5 h，最终还原结束铜水温度控制在 1 220～1 250℃之间，铜水最终含氧控制在 0.15%～0.1%。

e. 浇铸保温。

浇铸作业持续 5～6 h，因出铜口至活动溜槽高度差大、固定溜槽较长，导致炉内铜水最后进入浇铸包温度下降明显。在浇铸作业后期活动溜槽、中间包、浇铸包易结冷铜影响生产，严重时导致浇铸作业提前终止。

所以在浇铸过程中炉内烧嘴燃烧天然气进行保温，但为避免铜水在保温过程中过氧化，浇铸过程中天然气总流量控制在 300～500 Nm^3/h，氧燃比不超过 1.8：1。

35 二噁英主要末端治理技术有哪些?

（1）烟气骤冷 + 袋式除尘 +SCR 技术

①技术原理。

根据二噁英分子结构，从根本上可通过两种方式实现二噁英分解：脱氯和苯环断裂。Wang 等[30]认为含氯有机污染物在 V_2O_5/TiO_2 催化剂表面催化分解的关键步骤如图 4-2 所示，首先，氯苯（A）通过亲核取代（C—Cl 键断裂）吸附至催化剂表面有效活性位（V=O 结构）形成表面酚盐（B），随后被表面活性氧物种攻击，发生亲电子取代形成苯醌类物质（C，D）；此后，在活性氧的持续攻击下，苯醌类物质发生断环形成非环类物质（E，F，G）；在此同时，$V^{5+}O_x$ 自身被还原成 $V^{4+}O_x$。若此时反应气氛中有氧气存在，$V^{4+}O_x$ 可重新被氧化成 $V^{5+}O_x$，实现催化剂循环使用。由此可见，催化剂表面不仅为催化反应提供了合适场所，催化剂本身也参与了氧化还原反应。

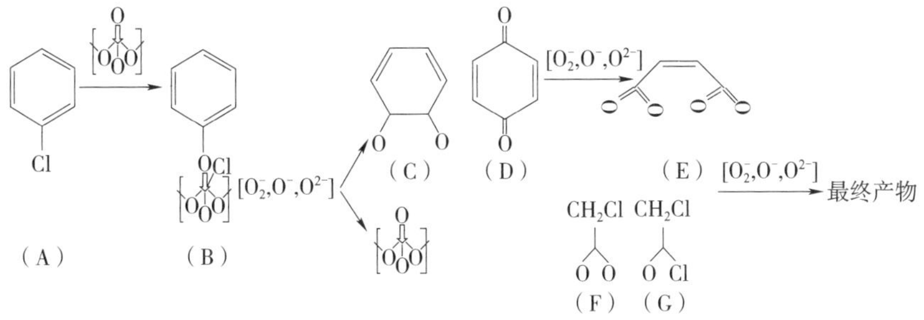

图 4-2　氯苯在钒基催化剂表面催化降解反应机理示意图

二噁英是典型的多氯代芳烃化合物，二噁英分子苯环上氯代数目对其催化分解过程有多方面影响[31]：a. 氯原子是吸电子基团，氯取代数目增加会降低苯环上电子云密度，二噁英分子的氧化还原电势随之提高，从而增加了二噁英分子断环难度；b. 苯环上氯取代数目增加，会同时增加二噁英分子摩尔质量并降低饱和蒸气压，使其更倾向于吸附在催化剂表面，从而延长二噁英与催化剂的接触时间，提高二噁英催化降解效率；c. 苯环上氯取代基的存在，使亲核取代反应更容易发生，从而降低催化降解反应所需的活化能，导致二噁英催化降解效率升高。

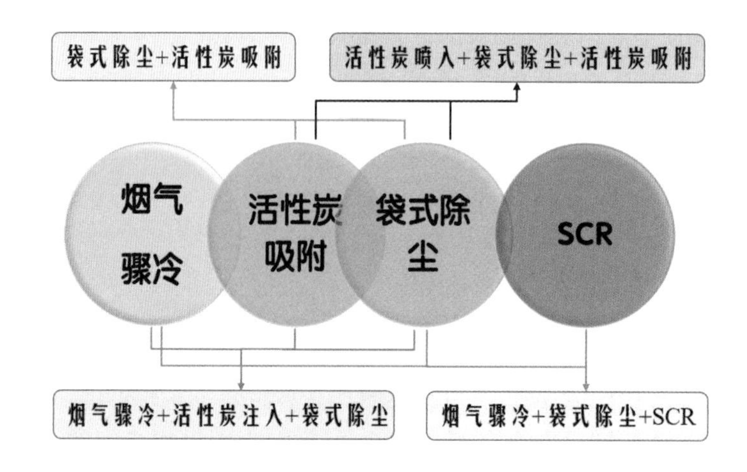

②技术特点和适用范围。

前段烟气骤冷技术是使烟气在 3～5 s 内从 800℃降低到 200℃以下，常用于文丘里原理制造的骤冷塔。中段布袋除尘是利用纤维织物的过滤作用对含尘气体进行净化捕集（催化剂是决定二噁英去除率的关键，为防止粉尘堆积引起的催化剂的过早老化，在催化反应器之前一般要安装除尘器）[32]。后段 SCR 技术是在相对较低的温度下，利用催化剂（如五氧化二钒）的催化活性，将二噁英等有机物催化降解的技术。

该技术组合处理效率高，同时可避免冷却过程中二噁英的再合成问题。SCR 技术催化分解效率高，可彻底破坏二噁英的苯环；但催化剂的效果受烟气温度和催化剂寿命的制约。

该技术组合适用于大中型企业熔炼过程中二噁英的控制。

（2）烟气骤冷 + 活性炭注入 + 袋式除尘技术

①技术原理。

在烟气净化塔或布袋除尘器前的管道内喷入活性炭粉末，烟气携带飞灰、碱性吸附剂、活性炭等颗粒物在管道内混合、流动，烟气中包括二噁英在内的各种污染物会被这些颗粒物吸附、富集，这就是所谓的夹带流吸附；烟气进入布袋除尘器后，所携带的颗粒物会逐渐在布袋上覆积，形成一层由活性炭、飞灰、碱性吸附剂等组成的布袋滤饼，会继续对通过滤饼的烟气中的各种污染物进行吸附，可被称作布袋滤饼的吸附[33]。因此，可以把上述烟气处理末端过程对气相二噁英的脱除分解为两部分：a. 夹带流中的吸附；b. 布袋滤饼的吸附。

②技术特点和适用范围。

前段烟气骤冷技术是使烟气在 3～5 s 内从 800℃降低到 200℃以下，常用于文丘里原理制造的骤冷塔。后段“活性炭注入 + 布袋除尘”技术是在单布袋除尘器中喷入活性炭联合布袋除尘器处理二噁英。

该技术组合吸附效率高，但活性炭只是将二噁英从烟气中捕集分离，需要与后期的热脱附等处理工艺结合以进一步去除二噁英。

该技术组合适用于企业熔炼过程中的二噁英控制。

（3）袋式除尘 + 活性炭吸附技术

①技术原理。

固定床脱二噁英机理[34]，即吸附质二噁英从气相主体到吸附剂颗粒内部的传递过程，可分为 3 个阶段：a. 从气相主体通过吸附剂颗粒周围的气膜到颗粒的表面，称为外扩散；b. 从吸附剂颗粒表面传向颗粒空隙内部，称为内扩散；c. 在内扩散途中气体分子又可能与孔壁表面发生吸附作用。

吸附过程的总速率取决于最慢阶段的速率。当气相的痕量元素到达固体反应物层表面且被吸附后，气体分子由原来的空间自由运动变成表面层上二维运动，运动的自由度减小，气体分子首先会被吸附到活性位上（如果温度足够发生化学反应），当所有的活性位占满后，其余的气体分子会在固体表面的吸引下发生物理吸附[35]。

固定床脱除二噁英的影响因素有很多，固定床的温度、活性炭加入量[36]等是影响脱除效率的主要因素。浙江大学姚艳[37]对活性炭固定床进行二噁英的吸附试验表明，活性炭脱除效率也随着床层温度的升高而降低，当床层温度＞180℃时，对烟气二噁英脱除效率为负数，而 TEQ 降到 33%。

②技术特点和适用范围。

该技术是利用纤维织物的过滤作用和活性炭内部孔隙结构发达、比表面积大、吸附能力强的特点对二噁英等有机物进行吸附的技术。常用设备有过滤除尘器，湿式 / 干式洗涤除尘器，陶瓷过滤除尘器等。

该技术组合成本较低，吸附效率高。但活性炭只是将二噁英从烟气中捕集分离出来，需要与后期的热脱附等处理工艺结合以进一步去除二噁英。

该技术组合适用于熔炼烟气中二噁英的控制。

（4）活性炭喷入 + 袋式除尘 + 活性炭吸附技术

①技术原理。

文献[38, 39]认为“活性炭喷入 + 袋式除尘”系统对烟气中气、固相二噁英的脱除具有不同的机理：它对固相二噁英的脱除是由于布袋对飞灰的过滤作用（固相二噁英随着飞灰被布袋除尘器脱除而去除）。它对气相二噁英的脱除则是由于活性炭的吸附作用。由于低氯代二噁英较之高氯代二噁英有更高的蒸气压，因此它在气相中的比例更高，更容易被活性炭吸附，即“活性炭喷入＋袋式除尘”系统对气相部分各异构体的脱除效率会随氯代数的增加而降低，表现出一定的选择性；而固相二噁英附着在飞灰上，并随着飞灰被布袋除尘器脱除而去除，即“活性炭喷入＋袋式除尘”系统对固相部分各异构体的脱除没有选择性，脱除效率基本相同，且接近于布袋除尘器对飞灰的脱除效率。

为获得更好的二噁英处理效果，在脱硫装置（FGD）和除尘器后部设置活性炭固定床吸附系统（一般用颗粒状活性炭 GAC），该系统作为烟气排入大气的最后装置，二噁英去除效果较好，但当颗粒尺寸较小时会引起较大的压降，且需要增加设备，占地和初始投资也较大。

②技术特点和适用范围。

前段“活性炭注入＋布袋除尘”技术是在单布袋除尘器中喷入活性炭，后段活性炭吸附技术是利用活性炭内部孔隙结构发达、比表面积大、吸附能力强的特点对二噁英等有机物进行吸附的技术。按填充方式可分为活性炭流化床吸附和活性炭固定床吸附。

该技术成本较低，既可吸附固态的二噁英，又可凝固吸收气态的二噁英。但活性炭只是将二噁英从烟气中捕集分离，需要与后期的热脱附等处理工艺结合，以进一步去除二噁英。

该技术适用于企业熔炼过程中二噁英的控制。

36 最佳可行技术和最佳环境实践（BAT/BEP）为什么是控制二噁英的关键核心手段?

为了指导二噁英等 UP—POPs 的减排，UNEP 组织专家制定了“最佳可行技术”和“最佳环境实践”（BAT/BEP）导则。“最佳可行技术”是指所使用的技术已达到最有效和最先进的阶段，可以最大限度地减少 UP—POPs 的排放。这里的“技术”包括所采用的技术以及所涉及的装置的设计、建造、维护、运行和淘汰；“可行”技术是指使用者能够获得的、在一定规模上开发出来的并基于成本和效益考虑，在可靠的经济和技术条件下可在相关工业部门中采用的技术。而“最佳”是指对整个环境全面实行最有效的高水平保护。“最佳环境实践”是指环境控制措施和战略的最佳组合方式的应用。

再生有色金属行业污染防治的最佳可行技术包括鼓励用富氧强化熔炼等先进工艺技

术，采取机械分选等预处理措施分离原料中的含氯塑料等物质。鼓励利用煤气等清洁燃料；再生有色金属生产应设置先进、完善、可靠的自动控制系统和工况参数在线监测系统；再生有色金属熔炼过程应采用负压状态或封闭化生产方式，避免废气的无组织排放；在进行尾气处理时，在设备中烟气不结露的前提下，尽可能地缩短烟气急冷过程的停留时间，减少二噁英的生成；再生有色金属生产过程中产生的烟气宜采用高效袋式除尘技术和活性炭喷射等技术进行处理；再生有色金属（铜、铅、锌）生产烟气净化设施产生的含二噁英飞灰，鼓励经预处理后返回原系统利用；努力研发自动化、连续化节能环保冶金技术及装置，以及机械拆解、分类分选和表面洁净化等预处理技术及其装备。

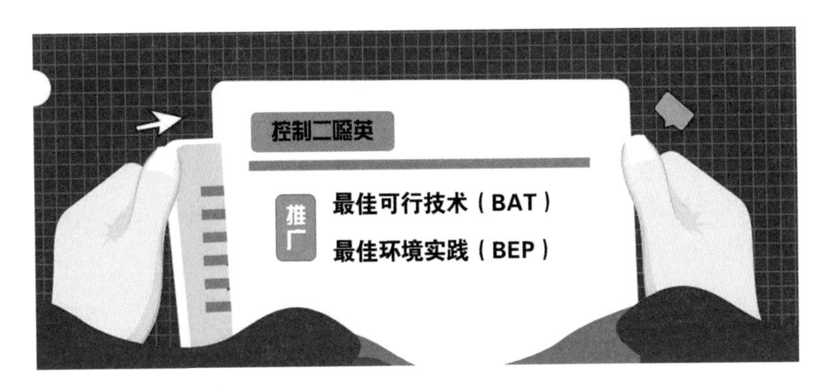

根据《公约》的精神，缔约方有义务促进或要求 BAT 的使用，并且推动 BEP 的广泛应用。

37 生产工艺过程的环境管理手段有哪些？

①以废杂铜为原料的再生铜项目，须采用先进的节能环保、清洁生产工艺和设备。预处理环节应采用导线剥皮机、铜米机等自动化程度高的机械法破碎分选设备，对特殊绝缘层及漆包线等除漆需要焚烧的，必须采用烟气治理设施完善的环保型焚烧炉。禁止采用化学法以及无烟气治理设施的焚烧工艺和装备。冶炼工艺须采用 NGL 炉、旋转顶吹炉、精炼摇炉、倾动式精炼炉、100 t 以上改进型阳极炉以及其他生产效率高、能耗低、资源综合利用效果好、环保达标的先进生产工艺及装备，同时应配套具备二噁英防控能力的设备设施。禁止使用直接燃煤的反射炉熔炼含铜二次资源。全面淘汰无烟气治理措施的冶炼工艺及设备。

②以含铜固体废物为原料的项目，禁止填埋处理，须对有价金属进行综合回收，禁止采用鼓风炉、电炉、反射炉等工艺和 50 t 以下传统固定式反射炉设备，鼓励采用富氧侧吹熔炼炉、富氧底吹熔炼炉等富氧熔炼工艺设备，必须要有稳定、可靠的氧气来源，炉体需要保持负压操作，配套尾气脱硫系统。

③废杂铜和含铜固体废物生产过程中的烟气应采取负压收集，严格控制废气无组织排放，加料口与出料口应设置集气罩收集烟气，收集的烟气进入通风除尘系统处理；再生铜冶炼应保持 850℃以上高温连续稳定运行，鼓励采用富氧熔炼技术，提高燃烧效率，减少烟气的产生量；鼓励采用天然气、煤气等清洁燃料。再生铜生产过程中，应采取预处理措施分离原料中的塑料等含氯物质，禁止采用低温焚烧的方式处理废杂铜表面的橡胶或塑料。

38 如何有效开展二噁英污染防治设施管理？

（1）急冷塔

烟气从急冷塔顶部进入，与顶部喷入的冷却水直接接触，烟气温度在 1 s 内从 650℃降到 200℃，避免二噁英生成。冷却水的形式：分散雾化（双流体喷嘴），根据急冷塔出口烟气温度的变化，自动跟踪、调节喷水量。

（2）活性炭、消石灰喷射装置

在急冷塔出口喉口处通过喷入消石灰，可以初步对烟气进行干式脱酸，并干燥烟气中的多余水分，喷入活性炭以吸附二噁英及其他有害物质。

吸收剂：消石灰粉、活性炭。

该粉自文丘里管喷入，飞灰、新鲜吸收剂和循环灰的固体颗粒在流化悬浮状态下激烈碰撞、摩擦，并与降温水和烟气充分接触，与酸性气体发生化学反应去除。会出现小、中、大等粒径，分别呈现“随气流流动”“流体化”“掉落”三种现象；小粒径吸收剂会被除尘器收集，并通过灰循环设备回到脱酸塔中重复使用；中粒径吸收剂与其他的粒状物或吸收剂聚成大粒径颗粒后自然掉落；大粒径颗粒则由下方的管道排出，通过脱酸系统的气流达到去除酸气的目的。

活性炭应采用气力输送。活性炭喷射点宜设置在袋式除尘器入口前的烟道内。活性炭输送管和喷嘴应采取防腐蚀和耐磨损措施。

活性炭粉品质宜符合表 4-1 和表 4-2 的规定[40]。

表 4-1　活性炭粉品质

项目	单位	数值
pH	—	5～7.5
灰分	%	<8
水分	%	⩽3
填充密度	kg/m^3	400～500
比表面积	m^2/g	⩾900
碘吸附值	—	⩾800

表 4-2　活性炭粉粒径

粒径	单位	数值
0.150	mm	>97%
0.074	mm	>87%
0.044	mm	>72%
0.010	mm	>40%

（3）布袋除尘器

含尘烟气通过过滤材料，尘粒被过滤下来。过滤材料捕集粗粒粉尘，主要靠惯性碰撞作用；捕集细粒粉尘主要靠扩散和筛分作用。滤料的粉尘层也有一定的过滤作用。布袋除尘器除尘效果的优劣与多种因素有关，但主要取决于滤料，例如选用 PTFE 覆膜滤袋可获得良好的效果。袋式收尘废气防治设施运行管理要求详见附录 A。

（4）控制系统

烟气处理系统应采用计算机控制，急冷塔喷水量与急冷塔进口温度、除尘器进口温度联锁，实现自动控制。污染物排放自动监控设备按相关 5 要求安装。

（5）日常管理

①建立日常运行管理制度并严格执行，确保设施稳定运行。操作人员应培训上岗，严格遵守操作规程。

②建立运行情况记录制度，如实记载有关运行管理情况，主要包括主要控制参数、监测数据等。

39 应急环境管理需要注意哪些问题?

建立健全重金属环境风险源风险防控系统和企业环境应急预案体系，组建精干的环境应急处置队伍，构建环境应急物资储备网络，储备必要的应急药剂和石灰石等物料，建立统一、高效的环境应急信息平台。加强应急演练，最大限度地做好风险防患工作。建立技术、物资（诊疗器械与药品）和人员保障系统，落实值班、报告、处理制度。

40 如何开展二噁英的自行环境监测?

（1）一般原则

再生有色金属排污单位在申请排污许可证时，应当按照标准确定的产排污节点、排放口、污染因子及许可限值等要求，制定自行监测方案，并在《排污许可证申请表》中明确。再生有色金属排污单位自行监测技术指南发布后，自行监测方案的制定从其要求。再生有色金属排污单位中的锅炉自行监测方案按照《排污许可证申请与核发技术规范　锅炉》制定，有核发权的地方生态环境主管部门可根据环境质量改善需求，增加再生有色金属排污单位自行监测管理要求。对于 2015 年 1 月 1 日（含）以后取得环境影响评价审批意见的排污单位，其环境影响评价文件有其他管理要求的，应当同步完善排污单位自行监测管理要求[41]。

（2）自行监测方案

自行监测方案中应明确排污单位的基本情况、监测点位、监测指标、执行排放标准及其限值、监测频次、监测分析方法和仪器、采样和样品保存方法、监测质量保证与质量控制、监测点位示意图、监测结果公开时限等。对于采用自动监测的排污单位，应当如实填报自动监测的污染物指标、自动监测系统联网情况、自动监测系统的运行维护情况等。

对于无自动监测的大气污染物和水污染物指标，排污单位应当填报开展手工监测的污染物排放口、监测点位、监测方法和监测频次等。

（3）自行监测要求

再生有色金属排污单位可自行或委托第三方监测机构开展监测工作，并安排专人专职对监测数据进行记录、整理、统计和分析。对监测结果的真实性、准确性和完整性负责。手工监测时，生产负荷应不低于本次监测与上一次监测周期内的平均生产负荷。

1）监测内容

自行监测污染源和污染物应包括排放标准中，以及环境影响评价文件及其审批意见，或其他环境管理要求中涉及的各项废气污染源和污染物。再生有色金属排污单位应当开展自行监测的污染源包括产生的有组织废气等全部污染源。废气污染物包括《锅炉大气污染排放标准》（GB 13271—2014）和《再生铜、铝、铅、锌工业污染物排放标准》（GB 31574—2015）中规定的全部因子。

2）监测点位

再生有色金属排污单位自行监测点位包括外排口、内部监测点位、周边环境质量影响监测点位等。

各类废气污染源通过烟囱或排气筒等方式排放至外环境的废气，应在烟囱或排气筒上设置废气排放口监测点位。点位设置应满足《固定污染源排气中颗粒物测定与气态污染物采样方法》（GB/T 16157—1996）、《固定污染源烟气（SO_2、NO_x、颗粒物）排放连续监测技术规范》（HJ 75—2017）等技术规范的要求。净烟气与原烟气混合排放的，应在排气筒或烟气汇合后的混合烟道上设置监测点位；净烟气直接排放的，应在净烟气烟道上设置监测点位。

废气监测平台、监测断面和监测孔的设置应符合《固定污染源烟气（SO_2、NO_x、颗粒物）排放连续监测系统要求及检测方法》（HJ 76—2017）、《固定源废气监测技术规范》（HJ/T 397—2007）等的要求，同时监测平台应便于开展监测活动，应能保证监测人员的安全。

①内部监测点位。

当排放标准中有污染物去除效率要求时，应在相应污染物处理设施单元的进出口设置监测点位。

当环境管理有要求，或排污单位认为有必要的，可以在排污单位内部设置监测点位，监测与污染物浓度密切相关的关键工艺参数等。

②周边环境影响监测点。

对于 2015 年 1 月 1 日（含）后取得环境影响评价审批意见的排污单位，周边环境质量影响监测点位应按照环境影响评价文件的要求设置。

（4）监测技术手段

自行监测的技术手段包括手工监测、自动监测两种类型。

再生有色金属排污单位中主要排放口的颗粒物、二氧化硫、氮氧化物（以 NO_2 计）

应安装自动监测设备。鼓励其他排放口及污染物采用自动监测设备监测，无法开展自动监测的，应采用手工监测。

根据生态环境部印发的《关于加强京津冀高架源污染物自动监控有关问题的通知》中的相关内容，京津冀地区及传输通道城市再生有色金属排污单位各排放烟囱超过 45 m 的高架源，应安装污染源自动监控设备。

（5）监测频次

采用自动监测的，全天连续监测。再生有色金属排污单位应按照 HJ 75—2017 开展自动监测数据的校验比对。按照国家环境保护总局发布的《污染源自动监控设施运行管理办法》的要求，自动监测设施不能正常运行期间，应按要求将手工监测数据向生态环境主管部门报送，每天不少于 4 次，间隔不得超过 6 h。

采用手工监测的，监测频次不能低于国家或地方发布的标准、规范性文件，环境影响评价文件及其审批意见等明确规定的监测频次；污水排向敏感水体或接近集中式饮用水水源、废气排向特定的环境空气质量功能区的，应适当增加监测频次；排放状况波动大的，应适当增加监测频次；历史稳定达标状况较差的，应增加监测频次。

排污单位应参照表 4-3 确定自行监测频次，地方根据规定可相应加密监测频次。再生有色金属排污单位自行监测指南发布后，从其规定。锅炉废气自行监测按生态环境部制定的《排污许可证申请与核发技术规范　锅炉》执行。对于未涉及的其他排放口，有明确排放标准的，应当按照填报的产排污环节明确废气污染物监测指标及频次，监测频次原则上不得低于 1 次 / 年，地方有更严格规定的，从其规定。

表 4-3　再生铜排污单位自行监测点位、监测因子及最低监测频次一览

产排污节点	监测点位	排放口类型	监测因子	最低监测频次
废气有组织排放				
粗铜熔炼	尾气烟囱	主要排放口	二氧化硫、氮氧化物（以 NO_2 计）、颗粒物	自动监测
			砷及其化合物、铅及其化合物、镉及其化合物	月
			锡及其化合物、锑及其化合物、铬及其化合物	季度
			二噁英	年
粗铜熔炼环境集烟	环境集烟烟囱	主要排放口	二氧化硫、氮氧化物（以 NO_2 计）、颗粒物	自动监测
			砷及其化合物、铅及其化合物、镉及其化合物	月
			锡及其化合物、锑及其化合物、铬及其化合物	季度
			二噁英	年
阳极铜熔炼	尾气烟囱	主要排放口	二氧化硫、氮氧化物（以 NO_2 计）、颗粒物	自动监测
			砷及其化合物、铅及其化合物、镉及其化合物	月
			锡及其化合物、锑及其化合物、铬及其化合物	季度
			二噁英	年
阳极铜熔炼环境集烟	环境集烟烟囱	主要排放口	二氧化硫、氮氧化物（以 NO_2 计）、颗粒物	自动监测
			砷及其化合物、铅及其化合物、镉及其化合物	月
			锡及其化合物、锑及其化合物、铬及其化合物	季度
			二噁英	年
烘干炉	尾气烟囱	一般排放口	二氧化硫、氮氧化物（以 NO_2 计）、颗粒物	自动监测
			二噁英	年
原料预处理系统	预处理排气筒	一般排放口	颗粒物	季度
电解系统	电解车间排气筒	一般排放口	硫酸雾	季度
净化系统	净化车间排气筒	一般排放口	硫酸雾	季度

（6）采样和测定方法

1）自动监测

废气自动监测参照 HJ 75—2017、HJ 76—2017 执行。

2）手工监测

有组织废气手工采样方法的选择参照 GB/T 16157—1996、HJ/T 397—2007 执行，单次监测中，气态污染物采样，应可获得小时均值浓度；颗粒物采样，至少采集 3 个反映监测断面颗粒物平均浓度的样品。

3）测定方法

废气、废水污染物的测定按照相应排放标准中规定的测定方法标准执行，国家或地方法律法规等另有规定的，从其规定。

（7）数据记录要求

监测期间，手工监测的记录和自动监测运维记录按照《排污单位自行监测技术指南　总则》（HJ 819—2017）执行并应同步记录监测期间的生产工况。

（8）监测质量保证与质量控制

按照 HJ 819—2017、《固定污染源监测质量保证与质量控制技术规范（试行）》（HJ/T 373—2007）要求，再生有色金属排污单位应当根据自行监测方案及开展状况，梳理全过程监测质控要求，建立自行监测质量保证与质量控制体系。

（9）自行监测信息公开

排污单位应按照 HJ 819—2017 的要求进行自行监测信息公开。

41 二噁英的具体监测要求有哪些?

（1）监测技术程序[42]

1）准备阶段

①前期调查。监测前，通过咨询、调研和现场调查等方式进行必要的资料收集，了解监测目的和监测点位周围的环境现状，确认采样现场各项条件是否符合本标准的要求。

②仪器准备。按照需求准备相关仪器，确保其运行良好，满足监测要求。

③安全防护。二噁英类监测活动应该注意人员安全防护，避免意外事故发生。

2）监测方案

监测方案包括项目概况，监测目的，监测点位，监测频次及监测时间，监测人员安排、联系方式、采样方法和分析测定方法，质量保证措施，报告编制要求等。

3）现场监测

①现场监测。监测采样点位周围环境概况，污染源排放情况等。详细记录现场监测结果。

②现场测量。实际测量气象、水文、工况等参数，在采样记录中填写测量结果。

③现场采样。现场监测和现场测量完成后，进行现场采样。

4）样品保存及运输

样品应密封避光保存运输，尽快进行样品处理及分析测定。

5）实验室分析

样品交接后，经过制备、提取、净化、浓缩和仪器检测，完成实验室分析。

6）报告编制

依据监测方案，编制监测报告。

（2）现场监测要求

1）水和废水

①监测点位的布设。

地表水监测断面的布设原则、设置方法、设置数量参照《地表水和污水监测技术规范》（HJ/T 91—2002）中 4.1 和《水质　采样方案设计技术规定》（HJ 495—2009）中 5.2 的相关要求。对于地表水中的二噁英类监测，如果每个监测断面上采样垂线数超过 1 条，每条垂线上采样点数超过 1 个时，可分别采集同一断面各垂线和垂线上各采样点的瞬时水样，按照等体积比例混合成一个综合水样。

地下水监测点网的布设原则、布设要求、监测点（监测井）设置方法和监测井的建设与管理参照《地下水环境监测技术规范》（HJ/T 164—2004）中 2.1～2.3 的相关要求。

废水点位的布设原则和点位设置参照 HJ/T 91—2002 中 5.1、《水污染物排放总量监测技术规范》（HJ/T 92—2002）中 5.1～5.3 和 HJ 495—2009 中 8.1 的相关要求，废水中二噁英类采样点位应设在车间或车间处理设施排放口。

②地表水采样时间和采样频次。

地表水采样时间和采样频次参照 HJ/T 91—2002 中 4.2.1、4.2.2 和 HJ 495—2009 中的 10.2 执行；地下水采样时间和采样频次参照 HJ/T 164—2004 执行；废水采样时间和采样频次参照 HJ/T 91—2002 中的 5.2.1、HJ/T 92—2002 中的 6.1～6.2、HJ 495—2009 中的 10.3 和《制浆造纸工业水污染物排放标准》（GB 3544—2008）中的 5.3 执行。

不同的水质类型，以最低的采样频次，取得最有代表性的样品。

③采样方法。

地表水采样方法参照 HJ/T 91—2002 中 4.2.3 和《水质　采样技术指导》（HJ 494—2009）中 4.1～4.3 的相关要求；地下水采样方法参照 HJ/T 164—2004 中 3.2 和 HJ 494—2009 中 4.5 的相关要求；废水采样方法参照 HJ/T 92—2002 中 6.3 的相关要求、HJ/T 91—2002 中 5.2.2 和 HJ 494—2009 中 4.7.2 的相关要求。采样工具和容器应使用对二噁英类无吸附作用的材质，如不锈钢、聚四氟乙烯或玻璃等，使用前要用甲醇或丙酮及甲苯或二氯甲烷充分清洗。水样采集后可在现场萃取或带回实验室分析。

对于工业废水，如果排污单位的生产工艺过程连续且稳定，有污水处理设施并正常运转或建有调节池使废水能稳定排放，可以采集瞬时水样；如果排污单位的生产工艺过程具有间歇性或阶段性，则采集等时混合水样，混合样品的采样次数不得少于两次。单个样品采样量不小于 5 L。

④采样注意事项。

a. 采样时不可搅动水底的沉积物，应注意除去水面的杂物、垃圾等漂浮物。

b. 采样时应使用定位仪定位，保证采样点的位置准确。

c. 认真填写水质采样记录，内容主要包括采样时间、地点、样品编号、样品外观、样品种类、水温、气象等参数。

d. 如需在现场对水样进行萃取富集，则需要添加采样内标，并现场记录内标名称及添加量。

2）环境空气

①采样仪器和材料。

采样仪器的技术参数参照《环境空气和废气　二噁英类的测定》（HJ 77.2—2008）中 6.1.1 的相关要求，采集环境空气样品使用石英纤维滤膜和聚氨基甲酸乙酯泡沫（PUF）材料，其技术参数及处理方法参照 HJ 77.2—2008 中 5.13 和 5.14 的相关要求。

②环境空气质量监测。

a. 监测点周围环境状况应相对稳定，有稳定可靠的电力供应。监测仪器采样口周围不能有阻碍环境空气流通的高大建筑物、树木或其他障碍物，周围水平面应保证 270° 以上的捕集空间；如果采样口一边靠近建筑物，周围水平面应有 180° 以上的自由空间。

b. 利用该区域常年风向、气象资料及区域面积、功能类别等因素模拟计算污染物扩散、迁移及转化规律，预测污染分布状况，确定二噁英类监测点位。监测点位数目要依据监测区域的大小和区域环境空气变化合理确定。样品采集流量可参照 HJ 77.2—2008 中 6.1 和《生活垃圾焚烧污染控制标准》（GB 18485—2014）的相关要求，选用流量不超过 1 000 L/min。

c. 每期监测每个监测点位应取得 7 d 的样品，并且每天累计采样时间不少于 18 h。如监测区域内无明显二噁英类排放源，可减少监测频次，每个监测点位不少于 3 d。采样前加采样内标。

③固定排放源周边环境质量监测。

监测点位原则上设置在主导和第二主导风向的上、下风向。如监测区域内有环境敏感点，应在环境敏感点增设监测点位。每个监测点采集不少于 3 d。采样方式和采样时间参照环境空气质量监测的相关要求。

④道路交通点监测。

对于道路交通点，一般应在行车道的下风侧，根据车流量的大小、车道两侧的地形、建筑物的分布情况等确定道路交通点的位置，采样器距离道路边缘不得超过 20 m。采样方式和采样时间，参照环境空气质量监测的相关要求。

⑤背景点监测。

背景点应远离城市建成区和主要污染源，设置在不受人为活动影响的清洁地区，背景点的海拔高度应合适。在山区应位于局部高点，避免受到局地空气污染物的干扰和近地面逆温层等局地气象条件的影响；在平缓地区应保持在开阔地点的相对高地，避免空气沉积的凹地。采样方式和采样时间，参照环境空气质量监测的相关要求。

⑥采样记录。

包括气象条件、环境状况、监测点位坐标、无组织排放情况、排放源高度、采样体积、采样时间、采样仪器运行状况等信息，对采样期间发生的异常情况要特别标注。采样记录应现场填写，记录信息应签字确认。

3）废气

①采样仪器和采样材料。

选用满足 HJ 77.2—2008 中 6.1.2 的技术要求或《危险废物（含医疗废物）焚烧处置设施二噁英排放监测技术规范》（HJ/T 365—2007）附录 B 的装置进行废气中二噁英类采样。

采样材料技术参数及处理方法见 HJ 77.2—2008 中 5.13 和 5.14。

②监测平台和采样孔。

监测平台和采样孔按照《固定污染源排气中颗粒物和气态污染物采样方法》（GB/T 16157—1996）中 4.2 采样位置和采样点的规定设置。监测平台的护栏高度不低于 1.1 m，采样平台面积不少于 4 m^2。采样孔内径不小于 80 mm。当监测平台高于地面 5 m 时，应有“Z”形梯、旋梯或升降梯通往监测平台。

③监测位置选择。

按照 GB/T 16157—1996 中 4.2 或《固定源废气监测技术规范》（HJ/T 397—2007）中第 5 章的要求布设监测位置，监测位置宜优先选择垂直烟道。采样条件不能满足 GB/T 16157—1996 或 HJ/T 397—2007 要求时，采样位置应选在较长的直段烟道上，与弯头或变截面处的距离不得小于 1.5 倍的烟道当量直径，烟道当量直径计算公式见 GB/T 16157—1996 中 4.2.1。

④采样模式。

废气中二噁英类采样优先选用多孔多点等速跟踪采样；现场采样条件不能满足多孔多点等速跟踪采样时，可以选用单孔多点等速跟踪采样。烟道内采样点位布设参考 GB/T 16157—1996 或 HJ/T 397—2007 执行。

工况比较稳定的污染源，可选用预测流速法采样。无法实现等速采样时，可以选用恒流采样。

在废气净化系统前端采样时，烟尘含量可能较大，可采取更换滤筒或附加烟尘收集装置以保证连续采样。

⑤吸附装置温度控制。

采样过程中，颗粒物收集单元温度应保持在废气露点以上。如果废气温度低于露点，需要对颗粒物收集单元进行加热。废气温度过高时，需要对进入采样系统的废气进行降温。

废气中气相收集单元应浸在冰水浴中或采用冷却循环装置对进入气相吸附柱的烟气进行降温，气相吸附柱温度应保持在 30℃以下。采样过程中气相吸附柱应注意避光。

⑥样品数量和采样时间。

根据建设项目竣工环境保护验收、监督性监测、委托性监测的需求确定采样周期，每周期采集不少于 3 个样品。为避免短时间的不稳定工况对监测结果造成影响，对于连续运行设施，单次样品的采集时间不少于 2 h；对于间歇式运行设施，监测过程尽量涵盖不同工段，必须包含理论上二噁英类排放浓度的最高阶段，单次样品的采集时间依据工段的运行时间确定，参照 GB 18485—2014。

⑦运行工况。

监测期间，炉窑系统应处于正常的运行状态。对生产负荷有明确要求的，按相关规定执行。无特殊要求，生产负荷应和运行状况与日常生产负荷一致。

⑧监控记录和采样记录。

监控并记录炉窑类型、处理对象、生产负荷、燃料投放量、燃烧室温度、废气处理设施工艺及运行情况。特殊对象需要记录焚烧物料来源、配方配比、配料热值、回用比例、含氯量等信息。监控记录需由监测方签字盖章确认。

采样记录需包括采样日期、采样人员、废气基本参数、采样系统的密封性检查结果、采样内标名称及添加量、采样起止时间（准确到具体分钟）、采样体积、含氧量、一氧化碳等参数。

⑨其他要求。

废气样品必须包括吸附在颗粒物上的二噁英类、气相中的二噁英类、烟气冷凝液及管路清洗液中的二噁英类。每个废气样品需添加采样内标。

4）土壤、沉积物、固体废物

①监测点位布设。

土壤监测点位的布设方法参照《土壤环境监测技术规范》（HJ/T 166—2004）中 5.2 的相关要求，不同类型的土壤二噁英监测布点参照 HJ/T 166—2004 中的 6.1.4、6.2.2、6.3.1 和 6.4 的相关规定执行。如需后续跟踪监测，采样点的位置应与历史监测布点保持一致。

河流、湖泊和水库沉积物的采样点位参照 HJ/T 91—2002 中 4.3.1.1 和 HJ 494—2009 中 4.4 的相关要求布设，海洋沉积物采样点位参照《海洋监测规范　第 3 部分：样品采集、贮存与运输》（GB 17378.3—2007）中 5.2 的相关要求布设。沉积物采样断面的设置应与水质断面一致。且沉积物采样点与水质点位应尽可能在同一重线上，如果沉积物采样点有障碍物影响采样或者不方便采集，可适当偏移。

根据固体废物的性状和贮存地点或容器布设采样点位，具体参照《工业固体废物采样制样技术规范》（HJ/T 20—1998）中 4.2 的相关规定执行。

②采样频次和样品数量。

土壤样品的采样频次参照《土壤环境监测技术规范》（HJ/T 166—2004）中 4.5 的规定执行。原则上每个监测周期内应采集一次，但在实际监测过程中，可根据监测目的及特殊要求，适当增加采样频次。土壤样品的采集数量参照 HJ/T 166—2004 中 5.3 的规定执行。

沉积物采样频次参照 GB 17378.3—2007 中 5.3 的规定执行，与水质采样同步进行，但频次可减少，每个水质监测断面或采样点采集一个沉积物样品。

固体废物的采样频次应根据其产生方式确定，如为连续产生，原则上每个监测周期采集 1 次；如为间歇产生，每个产生周期采集 1 次。样品数量按照 HJ/T 20—1998 中 4.2 的有关规定执行。

③采样方法。

根据土壤类型的不同，土壤样品的采集方法参照 HJ/T 166—2004 中 6.1.5、6.2.3、6.3、6.4 和 6.5 的相关要求，每份样品的干重不低于 1 kg。土壤采样工具可以为不锈钢采样铲或采土器及木质采样铲。

沉积物样品的采集方法参照 HJ/T 91—2002 中的 4.3.1.2 和 GB 17378.3—2007 中的 5.4 相关要求，选用抓斗式采泥器或柱状采泥器，采样量为 1～2 kg。因沉积物样品含水率较大，样品流动性较强，沉积物样品应使用带有磨口的棕色广口瓶保存。

固体废物的采样方法参照 HJ/T 20—1998 中 4.2.1 和 4.3 及《危险废物鉴别技术规范》（HJ/T 298—2019）中 4.4 的相关要求。每份样品采样量参照 HJ/T 298—2007 中 4.3 的规定确定。

④采样记录。

土壤采样时，应记录样品编号、采样工具、采样地点、采样方法、土壤特征描述、采样深度、采样日期和采样人员等。

沉积物采样时，应记录样品编号、采样断面、水深、沉积物性状特征、采样日期和采样人员等，性状特征描述参照 GB 17378.3—2007 中的 5.5 执行。

固体废物采样时，应记录样品编号、固体废物的名称、批次、来源、数量、性状、包装及贮存方式、采样点位、采样方法、采样日期和采样人员等。

土壤、沉积物及固体废物的现场记录具体见《环境二噁英类监测技术规范》（HJ 916—2017）附录 D。

土壤、沉积物和固体废物监测质量保证和质量控制：土壤参照 HJ/T 166—2004 中的 13.1 执行；固体废物参照 HJ/T 20—1998 中的 4.5 执行；沉积物参照 GB 17378.3—2007 中的 5.7 执行。

（3）质量保证和质量控制

1）人员

参与二噁英类监测的人员，需要经过专门的二噁英类监测技术培训，熟悉监测技术规范，掌握二噁英类采样、制样和实验室分析的基本原理和质量控制程序与要求。

2）实验室

①实验室功能区划分。

二噁英类分析实验室应是专用实验室，并按照不同的功能划分区域。严格区分样品的前处理区、标样存放区和仪器分析区。

②标准操作程序。

实验室应制定标准操作程序手册，标准操作程序应详细、易懂，相关人员必须完全了解标准操作程序。标准操作程序应包括以下内容：

a. 监测准备。采样前的调查，采样用具等的准备、维护、保管以及方法确认；试剂和标准物质等的准备；标准溶液的准备、保管以及使用方法。

b. 现场监测工作顺序。采样步骤、加标、仪器工作条件以及样品的保管和运输。

c. 实验室试料制备。样品制备、提取、净化过程的步骤、数量和保管方法。

d. 分析仪器的条件设定、调整和操作程序。

e. 监测全过程的记录（包括电子文件）。必须包括采样记录、仪器分析原始记录和质量控制记录。

3）采样及制样

①样品的采集、保管和运输。

属于强制性检定的采样仪器，应定期送检测机构检定合格后使用。器具在日常使用过程中，应按照相关计量检定规程定期校验和维护。采样装置，充分地清洗后使用；安装工具和采样装置部件应清洗干净，防止交叉污染。为了防止采集后的样品受到污染，应放入独立密封及遮光的容器内保管。

现场采样操作执行《水质　二噁英类的测定　同位素稀释高分辨气相色谱—高分辨质谱法》（HJ 77.1—2008）、《环境空气和废气　二噁英类的测定　同位素稀释高分辨气相色谱—高分辨质谱法》（HJ 77.2—2008）、《固体废物　二噁英类的测定　同位素稀释高分辨气相色谱—高分辨质谱法》（HJ 77.3—2008）和《土壤和沉积物　二噁英类的测定　同位素稀释高分辨气相色谱—高分辨质谱法》（HJ 77.4—2008）中采样部分及本标准相关部分要求。应在避光条件下运输。

②样品制备和试样制备。

样品制备过程避免阳光直接照射，并注意防止提取容器交叉污染。提取过程需要加入提取内标，通过其回收率判断样品提取是否符合相应标准的质量控制要求。执行 HJ 77.1—2008、HJ 77.2—2008、HJ 77.3—2008 和 HJ 77.4—2008 中样品制备部分。

样品制备过程中应注意以下事项：

对于液相样品的提取，需严格掌握液 - 液萃取条件。对于使用索氏提取器的固体样品，在索氏提取之前必须在干净的气氛中充分干燥。

土壤和沉积物样品应剔除砾石、贝类或动植物残体，用机械或人工方法破碎和研磨，筛分使样品达到 2 mm 以下的粒径度。样品经混合及缩分后制备成分析用样品。

固体废物样品的制备参照 HJ/T 20—1998 中的第 5 章。液态样品制样前，应用机械或人工搅拌的方法充分混匀，并采用二分法进行缩分每次减量一半，直至实验分析用量的 10 倍止。半固态样品制样方式参照土壤和沉积物样品的制备，在制样的同时测定含水量。

留样保存期限不低于 3 年。

样品的净化填料应充分进行脱活处理。对净化柱的净化效果需要进行制作淋洗曲线等方法优化实验条件，避免样品中二噁英类在净化过程中的损失。硫酸处理—硅胶柱净化或多层硅胶柱净化，确认淋洗后的样品溶液无色。

4）仪器分析

①仪器稳定性检查。

定期确认内标物质的响应因子与工作曲线相比有无变化。二噁英类的各氯代异构体和内标物质的相对响应因子变动，与绘制工作曲线时的相对响应因子比较相对偏差变动在 20% 之内。

选择标准系列溶液中间质量浓度点，按照一定周期，每日或每批次样品至少测定 1 次，浓度变化相对偏差不应超过 35%。

②工作曲线的建立。

用标准物质与相应内标物质的峰面积之比和标准系列溶液中标准物质与内标物质的浓度比建立工作曲线，计算出相对响应因子（RRF），各浓度的 RRF 变动应符合 HJ 77.1—2008、HJ 77.2—2008、HJ 77.3—2008 和 HJ 77.4—2008 的要求。

③定性分析。

进样内标确认：确定分析样中进样内标的峰面积为标准溶液中同等浓度进样内标的峰面积的 70% 以上，如不符合应查找原因，重新测定。

色谱峰确认：在色谱图上信噪比 S/N＞3 以上的色谱峰视为有效峰。

色谱峰定性：二噁英类同类物的两个监测离子丰度比与理论离子丰度比相对偏差在 ±15% 以内（浓度在 3 倍检出限时 ±25% 以内）的色谱峰定性为二噁英类物质。对于 2,3,7,8- 氯代二噁英类，除上述要求外，还需满足色谱峰的保留时间应与标准物质一致（±3 s 以内）。

同时内标物质的相对保留时间应与标准物质一致（±0.5% 以内）。

④回收率确认。

采样内标和提取内标的回收率应满足 HJ 77.1—2008、HJ 77.2—2008、HJ 77.3—2008 和 HJ 77.4—2008 的要求。

⑤空白实验。

空白实验参照 HJ 77.2—2008 中的 13.1.3 执行。

⑥平行样的测定。

平行样的测定比例不得低于样品数量的 10%，且每批次必须提供平行样品数据；污染源废气样品不适宜采集平行样，可不提供平行样品的检测数据。

⑦异常值的处理。

当出现异常值时，应充分查找原因并详细记录。

⑧记录。

测定时应记录并保存分析仪器的调谐、校准、定性和定量的所有信息。

5）原始记录与保存

原始记录内容包括：

①样品号和其他标识号。

②采样记录及采样现场概况记录文本或影像资料。

③分析日期和时间。

④空白实验。

⑤提取和净化记录。

⑥提取液分取情况。

⑦内标添加记录。

⑧进样前的样品体积及进样体积。

⑨仪器和操作条件。

⑩色谱图、电子文件和其他原始数据记录。

⑪结果报告。

⑫其他相关资料，如废弃物处置情况。

（4）监测报告

监测报告包括监测目的、监测点位、监测频次、监测时间、采样方法、仪器名称及型号、分析测定方法、质量保证措施实施、实测质量分数、采用的毒性当量因子以及 TEQ 质量分数、监测人、审核人、批准人等内容。报告形式参照 HJ 77.1—2008、HJ 77.2—2008、HJ 77.3—2008、HJ 77.4—2008 的相关要求。

（5）废物处理

①实验过程中沾有二噁英类标样的废弃物，不得随意丢弃，应标识清楚，在实验室内集中妥善保存。

②采集的含有二噁英类污染的飞灰或工业固体废物剩余样品，应送回原废物产生单位或委托有资质的单位处置。

③二噁英类样品前处理和分析过程中产生的一般有机溶剂和填料等废弃物，委托有资质的单位进行处置。

42 环境台账有何要求，需要注意什么问题?

（1）环境管理台账记录要求

1）一般原则

再生有色金属排污单位在申请排污许可证时，应按《排污许可证申请与核发技术规范　有色金属工业—再生金属》规定，在《排污许可证申请表》中明确环境管理台账记录要求。有核发权的地方生态环境主管部门可以依据法律法规标准规范增加和加严记录要求。排污单位也可自行增加和加严记录要求。

再生有色金属排污单位应建立环境管理台账记录制度，落实环境管理台账记录的责任部门和责任人，明确工作职责，包括台账的记录、整理、维护和管理等，并对环境管理台账的真实性、完整性和规范性负责。一般按日或按批次进行记录，异常情况应按次记录，环境管理台账应当按照电子台账和纸质台账两种记录形式同步管理。台账保存期限不得少于 3 年。

排污单位排污许可证台账应真实记录排污单位基本信息、生产设施和污染防治设施信息。其中，生产设施信息包括生产设施基本信息和生产设施运行管理信息，污染防治设施信息包括污染防治设施基本信息、污染治理措施运行管理信息、监测记录信息、其他环境管理信息等内容。

2）基本信息

①一般情况。

再生有色金属排污单位基本信息包括排污单位基本信息、生产设施基本信息、治理设施基本信息。基本信息因排污单位工艺、设施调整等情况发生变化的，应在基本信息台账记录表中进行相应修改，并将变化内容的说明纳入执行报告中。

②排污单位基本信息。

再生有色金属排污单位基本信息应记录排污单位名称、生产经营场所地址、行业类别、法定代表人、统一社会信用代码、环保投资情况、环境影响评价审批意见文号、竣工环保验收情况及排污许可证编号等。记录内容参见附录 B 中表 B.1。

③生产设施基本信息。

再生有色金属排污单位生产设施基本信息应记录设施名称、设施编码、生产设施规格参数、产品种类等。记录内容参见附录 B 中表 B.2。

④治理设施基本信息。

再生有色金属排污单位治理设施基本信息应记录废气治理设施名称、编号、排气筒高度、排放口位置、是否安装在线监测及在线监测指标；废水治理设施名称、编号、处理工艺、排放去向、排放规律等。记录内容参见附录 B 中表 B.3。

⑤生产设施运行管理信息。

再生有色金属排污单位主要生产设施运行管理信息正常情况应记录运行状态、燃料消耗量、产品产量等。其中，生产设施信息按班次记录，记录内容参见附录 B 中表 B.4。

原辅材料应记录名称、来源地、种类、用量、有毒有害成分及占比、是否为危险化学品，记录内容参见附录 B 中表 B.5。

燃料信息应记录种类、用量、成分、热值、品质。涉及二次能源的需建立能源平衡报表，应填报一次购入能源和二次转化能源，记录内容参见附录 B 中表 B.6。

非正常情况应记录起止时间、产品产量、燃料消耗量、事件原因、应对措施、是否报告等，记录内容参见附录 B 中 B.7。

⑥污染治理设施运行管理信息。

再生有色金属排污单位污染治理设施正常情况运行管理信息应按班次分别记录设施运行状态、污染物排放情况、主要药剂添加情况等。废气治理设施、废水治理设施运行管理信息表记求内容可参见附录 B 中表 B.8、表 B.9。

涉及 DCS/PLC 控制系统治理设施的记录原则：要求每周记录 1 次，保留彩色曲线图，注明生产线编号及各条曲线含义，相同参数使用同一颜色。根据参数的变化区间合理设定参数量程，每台设备或生产线记录期内同一参数量程保持不变。对曲线图中的不同参数进行合理布局，避免重叠。曲线应至少包括以下内容：

脱硝曲线应包括负荷、烟气量、氧含量、总排口 NO_x 浓度（实测）、总排口 NO_x 浓度（折算）、脱硝设施入口氨水 / 尿素流量、脱硝设施入口烟气温度等。

除尘曲线应包括负荷、烟气量、氧含量、总排口颗粒物浓度（实测）、总排口颗粒物浓度（折算）、烟气出口温度等。

非正常情况应记录起止时间、污染物排放浓度、事件原因、应对措施、是否报告等，记录内容参见附录 B 中 B.10。

⑦监测记录信息。

废气污染物排放情况手工监测记录信息应包括采样日期、样品数量、采样方法、采样人姓名等采样信息，并记录排放口编码、标况烟气量、氧含量、污染物项目、许可排放浓度、监测浓度（实测）、监测浓度（折算）、测定方法以及是否超标等信息。若监测结果超标应说明超标原因。记录内容参见附录 B 中表 B.11。

固体废物应按批次记录收集日期、固体废物来源、固体废物名称、产生量、是否属于危险废物等，并记录出库日期、固体废物去向、处置量以及委托单位名称等。记录内容参见附录 B 中表 B.12。

a. 自动监测运行维护记录。

自动监测运行维护记录信息应包括自动监测系统运行状况、系统辅助设备运行状况、系统校准、校验工作等；仪器说明书及相关标准规范中规定的其他检查项目等。

b. 监测期间生产及污染治理设施运行状况记录信息。

监测期间生产及污染治理设施运行状况记录信息内容分别见③～⑥部分。

⑧其他环境管理信息。

再生有色金属排污单位所在区域生态环境主管部门有其他环境管理信息要求的，可根据管理要求增加记录的内容，记录频次依实际生产内容、生产规律等确定。

3）记录频次

记录频次应根据生产过程中的变化参数进行确定。

①生产设施运行管理信息。

a. 生产运行状况：按照排污单位生产班次记录，每班次记录 1 次。非正常工况按照工况期记录，每工况期记录 1 次，非正常工况开始时刻至工况恢复正常时刻为一个记录工况。

b. 产品产量：连续性生产的排污单位产品产量按照班次记录，每班次记录 1 次。周期性生产的设施按照一个周期进行记录，周期小于 1 天的按照 1 天记录。

c. 原辅料、燃料用量：按照批次记录，每批次记录 1 次。

②污染治理设施运行管理信息。

a. 污染治理设施运行状况：按照排污单位生产班次记录，每班次记录 1 次。非正常工况按照工况期记录，每工况期记录 1 次，非正常工况开始时刻至工况恢复正常时刻为一个记录工况期。

b. 污染物产排情况：连续排放污染物的，按班次记录，每班次记录 1 次。非连续排放污染物的，按照产排污阶段记录，每个产排污阶段记录 1 次。安装自动监测设施的按照自动监测频率记录，DCS 原则上以 7 天为周期截屏。

c. 药剂添加情况：采用批次投放的，按照投放批次记录，每投放批次记录 1 次。采用连续加药方式的，每班次记录 1 次。

③监测记录信息。

监测数据的记录频次按照本标准确定的监测频次要求记录。

④其他环境管理信息。

采取无组织废气污染控制措施的信息记录频次原则上不小于 1 天 / 次。

特殊时段的台账记录频次原则上与正常生产记录频次要求一致，涉及特殊时段停产的排污单位或生产工序，该期间原则上仅对起始和结束当天进行 1 次记录，地方生态环境主管部门有特殊要求的，从其规定。

根据环境管理要求增加记录的内容，记录频次依实际情况确定。

4）记录保存

①纸质存储。

应将纸质台账存放于保护袋、卷夹或保护盒等保存介质中；由专人签字、定点保存，应采取防光、防热、防潮、防细菌及防污染等措施；如有破损应及时修补，并留存备查。保存时间原则上不低于 3 年。

②电子存储。

应存放于电子存储介质中，并进行数据备份；可在排污许可管理信息平台填报并保存，并由专人定期维护管理。保存时间原则上不低于 3 年。

43 如何规范提交排污许可执行报告？

（1）一般原则

排污单位应按照排污许可证中规定的内容和频次定期提交执行报告。再生有色金属排污单位可参照相关标准，根据环境管理台账记录等归纳总结报告期内排污许可证执行情况，按照执行报告提纲编写执行报告，保证执行报告的规范性和真实性，按时提交至有核发权的生态环境主管部门，台账记录留存备查。技术负责人发生变化时，应当在年度执行报告中及时报告。

（2）报告分类及频次

1）报告分类

排污许可证执行报告按报告周期分为年度执行报告、季度执行报告和月度执行报告。持有排污许可证的再生有色金属排污单位均应按照本标准规定提交年度执行报告与季度执行报告。地方生态环境主管部门有更高要求的，排污单位还应根据其规定，提交月度执行报告。排污单位应在全国排污许可证管理信息平台上填报并提交执行报告，同时向有排污许可证核发权限的生态环境主管部门提交通过平台印制的书面执行报告。

2）报告频次

①年度执行报告。

再生有色金属排污单位应至少每年提交一次排污许可证年度执行报告，于次年 1 月底前提交至有核发权的生态环境主管部门。对于持证时间不足 3 个月的，当年可不提交年度执行报告，排污许可证执行情况纳入下一年度执行报告。

②季度执行报告。

排污单位每季度提交一次排污许可证季度执行报告，于下一周期首月 15 日前提交至有核发权的生态环境主管部门。对于持证时间超过 1 个月的季度，报告周期为当季全季（自然季度）；对于持证时间不足 1 个月的季度，该报告周期内可不提交季度执行报告，排污许可证执行情况纳入下一季度执行报告。

（3）年度执行报告编制内容

年度执行报告编制内容应包括：

①排污单位基本情况；

②污染防治设施运行情况；

③自行监测执行情况；

④环境管理台账记录执行情况；

⑤实际排放情况及合规判定分析；

⑥信息公开情况；

⑦排污单位内部环境管理体系建设与运行情况；

⑧其他排污许可证规定的内容执行情况；

⑨其他需要说明的问题；

⑩结论；

⑪附图附件要求。

具体内容要求见附录 C。

（4）季度执行报告编制内容

排污单位季度执行报告应至少包括污染物实际排放浓度和排放量、合规判定分析、超标排放或污染防治设施异常情况说明等内容，以及各月度生产小时数、主要产品及其产量、主要原料及其消耗量、新水用量等信息。

参考文献

[1] 李艳萍，乔琦，陈伟，等. 再生有色金属行业污染防治技术与案例[M]. 北京：化学工业出版社，2015.

[2] 陈晨，李晓鹏，杜建伟，等 . 废电线缆再生铜资源化处理技术评述[J]. 再生资源与循环经济，2015，8(1)：19-23.

[3] Jaksland C，Rasmussen E，Rohde T. A new technology for treatment of PVC waste[J]. Waste Management，2000，20(56)：463-467.

[4] Mishene Christie Pinheiro Bezerra de Araújo，Arthur Pinto Chaves，Denise Crocce Romano Espinosa，et al. Electronic scraps-recovering of valuable materials from parallel wire cables[J]. Waste Management，2008，28(11)：2177-2182.

[5] Meier- Staude R，Koehnlechner R. Electrostatic separation of conductor/non-conductor mitures in operational practice[J]. Aufbereitungs- Technik，2000，41(3)：118-123.

[6] 白建文 . 废旧电线自动脱皮装置：中国，200820205197.2[P]. 2009-10-28.

[7] 缪能富 . 一种废电缆线剥线回收处理设备：中国，201120531538.7[P]. 2012-08-01.

[8] 仲伟春 . 废电缆剥皮机：中国，201010544170.8[P]. 2012-05-23.

[9] 丁涛，杨敬增 . 废电线电缆中铜材料回收的工艺研究与设备分析[J]. 有色金属(矿山部分)，2014，66(3)：68-71.

[10] 刘勇，秦晓 . 剥离废旧线缆中金属与非金属的破碎方法与装置：中国，201010230851.7[P]. 2010-11-24.

[11] 罗震，李洋 . 回收废旧线缆中金属与绝缘外皮的方法和设备：中国，201010604904.7[P]. 2011-06-29.

[12] 朴昌济，金大高 . 利用再生油从废电缆或废轮胎提取金属线和油的方法及装置：中国，200810210049.4[P]. 2008-12-31.

[13] 白云鹤，范洪波 . 废电线电缆金属回收系统：中国，201210412167.X[P]. 2013-03-06.

[14] 朱玲 . 一种废旧电线电缆分离金属导体与塑胶的方法：中国，00111327.5[P]. 2002-03-20.

[15] 崔宏祥，王志远，万钧，等 . 一种利用液氮低温技术剥离废塑料电线外皮的方法及装置：中国，200810152904.0[P]. 2009-04-08.

[16] 王萍辉，方湄 . 超声空化清洗机理的研究[J]. 水利水电科技进展，2004，24(1)：32-35.

[17] 凡乃峰，罗震，李洋 . 基于超声空化原理的废旧线缆回收方法[J]. 环境工程，2010，28(6)：63-66.

[18] 刘振行 . 一种利用超声波分离废旧线缆中金属与非金属的方法：中国，201310522081.7[P]. 2014-02-06.

[19] 刘勇，张书廷，等 . 剥离废旧线缆中金属与非金属的方法：中国，200810152868.8[P].

2009- 04-01.

[20] 何凯，李赵华，魏树国，等 . 基于高压水射流的废旧电线电缆回收方法及其装置：中国，201310102732.7 [P]. 2013-07-10.

[21] 姚素平. 我国废杂铜冶炼技术进步与展望 [J]. 有色金属工程，2011 (6)：14-16.

[22] 章颂泰 . 低品位杂铜卡尔多炉熔炼烟气净化技术 [J]. 有色冶金设计与研究，2009，30 (6)：110-113.

[23] 欧阳辉，汪荣彪 . 卡尔多炉处理废杂铜技术 [J]. 铜业工程，2009 (3)：37-39.

[24] 黄斌 . 再生铜设备——精炼摇炉 [J]. 中国有色冶金，2014 (2):47-50.

[25] 吴广龙，陆勇，吴昌敏，等 . 倾动式阳极炉冶炼废杂铜二噁英排放特征研究 [J]. 化学通报，2015，78 (12)：1085-1089.

[26] 曾磊，刘风华，张鹏鹂 . 顶吹炉处理废旧印刷电路板的生产实践 [J]. 有色金属（冶炼部分），2016 (12)：20-22.

[27] 王冲，王坤彬，化宏全 . 废杂铜回收利用工艺技术现状及展望 [J]. 再生利用，2011 (8)：28-30.

[28] 曹福强，于有祯 . 全氧燃烧技术在精炼炉上的应用 [A]//2015 中国铜加工产业技术创新交流大会论文集 [C]. 2015.

[29] 曾强 . 精炼摇炉铜精炼全氧燃烧生产实践及优化 [J]. 世界有色金属，2015，78 (12)：163-167.

[30] Wang J，Wang X，Liu X，et al. Kinetics and mechanism study on catalytic oxidation of chlorobenzene over V_2O_5/TiO_2 catalysts [J]. Journal of Molecular Catalysis A：Chemical，2015，402：1-9.

[31] Yu M F，Lin X Q，Li X D，et al. Catalytic decomposition of PCDD/Fs over nano-TiO_2 based V_2O_5/CeO_2 catalyst at low temperature [J]. Aerosol and Air Quality Research，2016，16 (8)：2011-2022.

[32] 张建超，王秋麟，金晶，等 . SCR 催化剂低温协同脱除二噁英和 NO_x 研究进展 [J]. 应用化工，2019，48 (1)：211-217.

[33] 姬亚 . 活性炭联合布袋脱除烟气中二噁英的机理研究 [D]. 杭州：浙江大学，2012.

[34] 潘雪君 . 活性炭粉末脱除二噁英的研究 [D]. 宁波：宁波大学，2012.

[35] Horne R A. The chemistry of our environment [M]. New York：John Wiley and Sons，1978.

[36] Everaert K，Baeyens J，Degreve J. Entrained-phase adsorption of PCDD/F from incinerator flue gases [J]. Environment Science & Technology，2003，37：1219-1224.

[37] 姚艳 . 垃圾焚烧过程中二噁英低温生成机理及控制研究 [D]. 杭州：浙江大学，2003.

[38] Chi K H，Chang S H，Huang C H，et al. Partitioning and removal of dioxin-like congeners in flue gases treated with activated carbon adsorption [J]. Chemosphere，2006，64 (9)：1489-

1498.

[39] Chi K H, Chang M B. Evaluation of PCDD/F congener partition in vapor/solid phases of waste incinerator flue gases[J]. Environmental Science & Technology, 2005, 39(20): 8023-8031.

[40] 国家能源局. 垃圾发电厂烟气净化系统技术规范: DL/T 1967—2019[S]. 北京: 中国电力出版社, 2019.

[41] 生态环境部. 排污许可证申请与核发技术规范　有色金属工业——再生金属: HJ 863.4—2018[S]. 北京: 中国环境出版集团, 2018.

[42] 生态环境部. 环境二噁英类监测技术规范: HJ 916—2017[S]. 北京: 中国环境出版社, 2017.

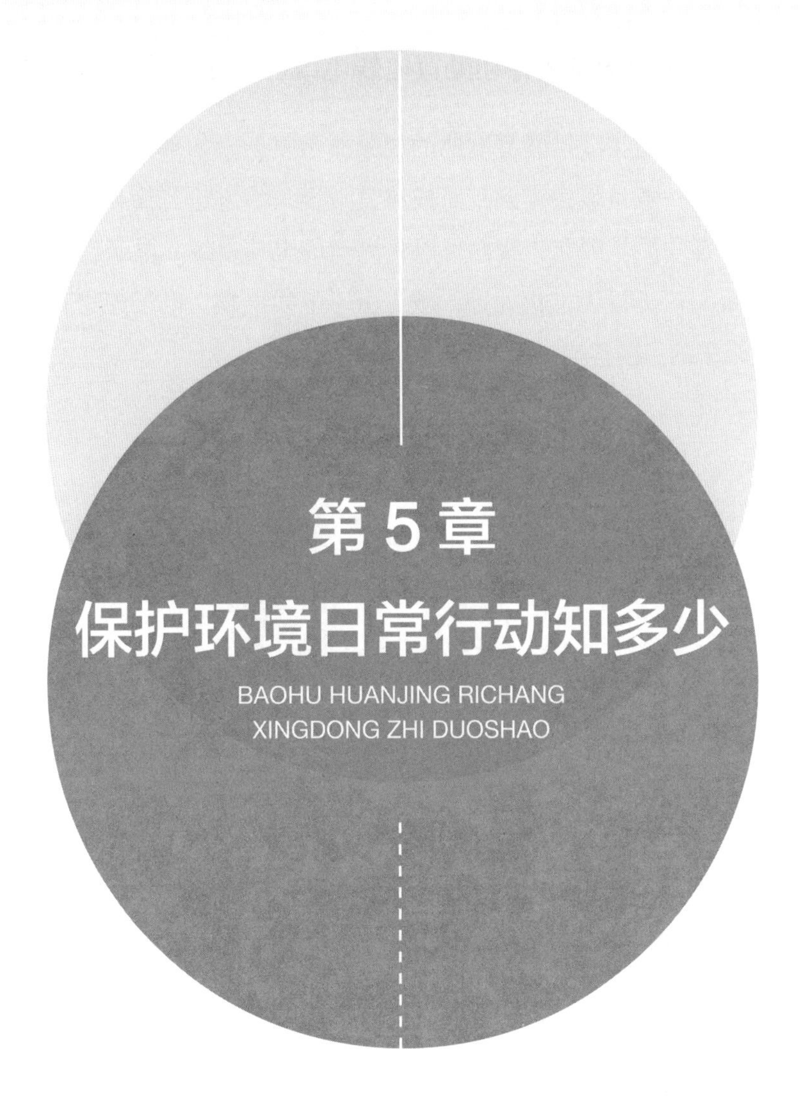

第5章 保护环境日常行动知多少

BAOHU HUANJING RICHANG
XINGDONG ZHI DUOSHAO

POPs

ZAISHENG YOUSE JINSHU
GONGYE POPs WURAN FANGZHI
ZHI DUOSHAO

44 为什么不要随意丢弃和处置电线电缆、电子废物和废铅酸蓄电池?

电线电缆、电子废物和废铅酸蓄电池的成分非常复杂，如果将电线电缆、电子废物和废铅酸蓄电池作为一般垃圾丢弃到荒野或将其放至垃圾堆进行简易填埋、焚烧，很容易产生二噁英等有毒物质。因此，我们可以将淘汰的电线电缆、电子废物和废铅酸蓄电池送至正规的处置工厂进行无害化处置，减少由于电线电缆、电子废物和废铅酸蓄电池处置不当给环境带来的风险隐患[1]。

45 如何做好再生金属原料的规范回收处理?

各地要选择确定承担再生资源回收体系建设的龙头企业，充分发挥龙头企业的作用，在充分利用、规范和整合现有再生资源回收渠道的基础上，统一规划，合理布局，规范建设，形成以社区回收站点和分拣中心为基础，集散市场为核心，加工利用为目的的再生资源回收网络体系，逐步提高回收集散加工能力，促进再生资源行业健康、有序发展。

①引导回收企业运用连锁经营的方式，对目前“散兵游勇”式的走街串巷回收方式进行整合和规范，按照“便于交售”的原则，合理规划布局，建设统一规划、统一标识、统一着装、统一价格、统一衡器、统一车辆、统一管理、经营规范的固定或流动社区回收点。

②按照再生资源回收体系建设规划，提升废纸、废塑料（废饮料瓶）、废金属等主要再生资源回收品种的综合分拣加工能力，形成运营规范、专业化、符合环保要求的分拣加工中心。

③对于再生资源集中度较高、交易规模较大、有较好基础、具有一定的区域辐射能力的大型跨地区的集散市场，要进行规范和提升，完善其储存、集散、初级加工、交易、信息收集发布等功能，加强拆解、仓储等基础设施、环境保护设施和劳动保护设施等方面的建设。

46 职业防护需要注意什么?

对于个人来说，减少二噁英暴露和摄入的对策有[2]：

①在相关的污染行业和地点工作时做好职业的防护，减少吸入含二噁英的废气和颗粒物；

②由于二噁英类的长期积累性，短期的摄入并不会显著影响身体长期的负荷水平，因此低脂的饮食习惯、平衡膳食或以素食为主，对减少二噁英的危害有重要意义；

③避免厂区焚烧垃圾、落叶等行为，也可以降低吸入二噁英的风险。

减少吸入　　低脂饮食　　禁烧垃圾

47 在日常生活中注意防止火灾发生，为什么可以减少二噁英的产生？

物质在燃烧过程中会产生大量浓烟和烟尘，其中含有很多的一氧化碳、二氧化碳以及其他有毒气体。尤其是一些化工产品，如塑料等，在燃烧的过程中会释放出氯化氢、二噁英等有毒气体。氯化氢具有强烈的腐蚀性，人体大量吸入会严重灼伤呼吸道；二噁英则具有强烈的致癌、致畸作用，同时还具有生殖毒性、免疫毒性和内分泌毒性等[3]。

48 为什么不要露天焚烧垃圾？

1998 年，EPA 曾对家庭露天焚烧混合垃圾、分类垃圾和现代化焚烧炉的排放进行过比较研究。研究发现，露天焚烧垃圾向大气排放的有害污染物至少有 20 多种，包括人们熟知的苯、丙酮、多环芳烃、氯苯、二噁英、呋喃、PCBs、PM_{10}（大气中直径在 10 μm 以下的颗粒物，又称为可吸入颗粒物或飘尘）、$PM_{2.5}$（大气中直径≤2.5 μm 的颗粒物，也称为可入肺颗粒物）、挥发性有机化合物等。焚烧所产生的灰渣中也富含二噁英类污染物及重金属，如铅和铬。

EPA 还对露天垃圾焚烧的污染物排放水平进行了量化测算，结果表明，与燃烧过程受控的正规垃圾焚烧厂相比，露天焚烧排放有害物的量是触目惊心的。研究人员以美国纽约州居民所产生的垃圾为考察对象，测得每露天焚烧 1 kg 的混合垃圾，会向大气排放 38.25 μg 的二噁英。若处理相同数量的垃圾，垃圾焚烧厂的二噁英排放量仅为

0.001 6 μg。二者的数量差距达 2 万倍以上。而其他有害污染物，如氯苯、多环芳烃、挥发性有机化合物的排放强度差距甚至可达数十万至数百万倍[4]。

49 为什么要提倡垃圾正确分类?

焚烧处理生活垃圾，温度要保持在 850℃且达到 3 s 以上，才能实现二噁英的分解，防止二噁英污染。如果生活垃圾中的剩饭剩菜、瓜皮果皮等湿垃圾与干垃圾混在一起焚烧，水分多，热值低，便会导致炉温难以控制，从而引起排放烟气中的污染物增多，其中就包括致癌物二噁英。经过垃圾分类，湿垃圾含量便会大大减少，产生二噁英的风险也会大大降低[5]。

50 如何正确认识二噁英，参与监督减排？

二噁英污染与每一个人都息息相关，轻视二噁英危害或对其过分恐惧都是片面的，只有科学地认识，才能找到更好的控制措施，防患于未然[6]。

参考文献

[1] 生态环境部对外合作与交流中心. POPs 知多少之二噁英[M]. 北京：中国环境出版集团，2019.

[2] 胡勇，张美辨，周振，等. 垃圾焚烧发电企业职业病防护设施设计要求[J]. 劳动保护，2019(9)：74-77.

[3] 田亚静，姜晨，吴广龙，等. 再生铜冶炼过程多氯萘与二噁英类排放特征分析与控制技术评估[J]. 环境科学，2015，36(12)：4682-4689.

[4] 毛达. 露天焚烧垃圾危害大[J]. 环境与生活，2012(6)：63-64.

[5] 李青峰，唐婧，邹龙生，等. 焚烧发电视野下生活垃圾分类的策略[J]. 桂林航天工业学院学报，2020，25(3)：334-338.

[6] 周琳，刘巍巍. 大闸蟹遭二噁英污染：是否有害健康？[J]. 农产品市场周刊，2016(45)：44-45.

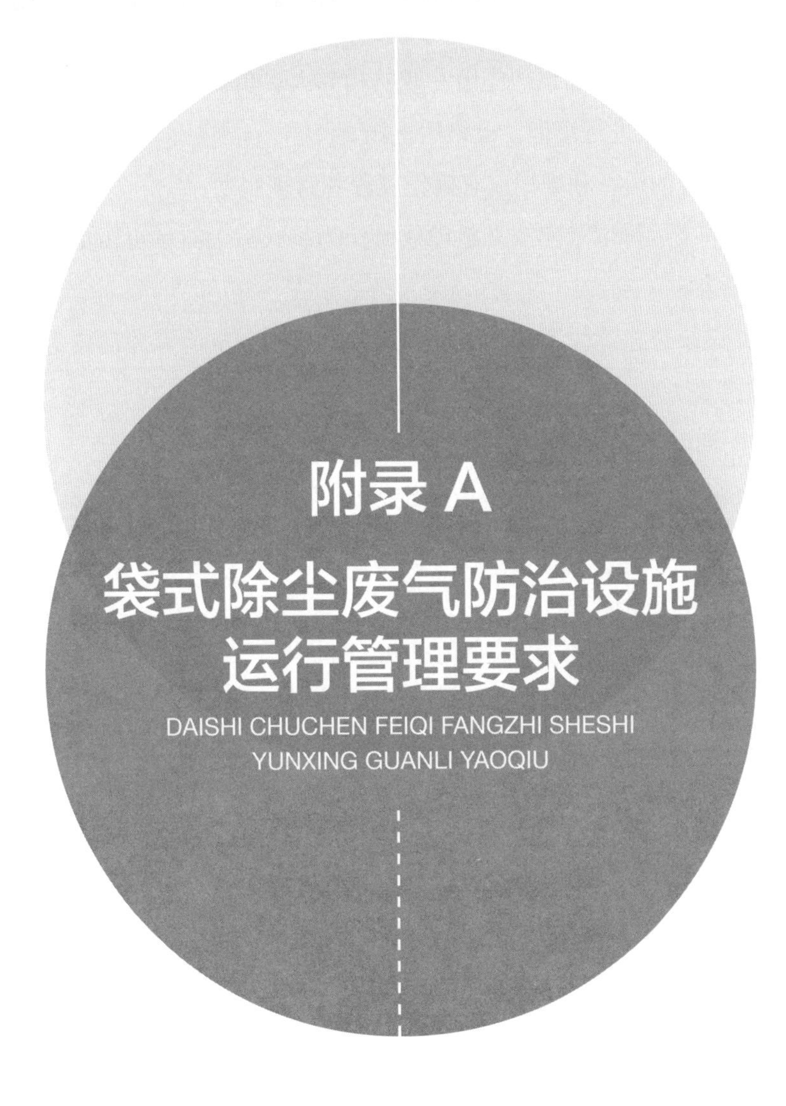

附录 A

袋式除尘废气防治设施运行管理要求

DAISHI CHUCHEN FEIQI FANGZHI SHESHI YUNXING GUANLI YAOQIU

POPs

ZAISHENG YOUSE JINSHU GONGYE POPs WURAN FANGZHI ZHI DUOSHAO

（1）一般规定

1）袋式除尘系统的运行和维护应由专职机构和人员负责，应配置技术人员与必要的检测仪器。应对操作人员进行培训，合格后上岗。

2）袋式除尘系统的运行和维护应有操作规程和管理制度。

3）袋式除尘系统运行记录应按月整理成册作为袋式除尘器运行历史档案备查，记录保留时间不少于 2 年。

4）应注意并记录袋式除尘系统的温度、压差、压力和电流等关键技术参数，发现异常时应采取保护措施。

5）袋式除尘器运行期间应有备品备件。

6）存在爆炸危险的袋式除尘系统应制定燃爆事故紧急预案。应重点监控气体温度、压力、浓度和氧含量。重点检查防爆阀、检测装置、灭火装置等部位。一旦发生爆炸，应立即启动紧急预案并及时上报。

7）袋式除尘系统不得在超过设计负荷 120% 的状况下长期运行。

（2）开机

1）袋式除尘器开机的条件和程序：

①预涂灰合格；

②进、出口阀门处于开启状态；

③电控系统中所有线路应通畅，电气、自控系统、检测仪表应受电，各控制参数应设定准确，自动报警和连锁保护处于工作状态；

④压缩空气供应系统工作正常；

⑤风机、电机的冷却系统工作正常；

⑥引风机启动；

⑦卸、输灰系统进入待机状态。

2）袋式除尘器达到设定阻力时，启动清灰控制程序。

（3）运行

1）运行人员应定时巡查并记录袋式除尘系统的运行状况和参数，发现异常及时报告和处理。

2）运行过程中，烟气温度达到设定的高温值或低温值时应发出报警信号，并立即采取应急措施。

3）运行过程中严禁打开除尘器的人孔门、检修门。

4）袋式除尘系统重点巡检部位及要求：

①定时巡检脉冲阀和其他阀门的运行状况，以及人孔门、检查门的密封情况。若发现脉冲阀异常应及时处理；

②定时巡检空气压缩机（罗茨风机）的工作状态，包括油位、排气压力、压力上升时间；

③对于回转脉冲袋式除尘器，定时检查回转机构的运行状况；

④定期对缓冲罐、贮气罐、分气包和油水分离器放水；

⑤定时巡检稳压气包的压力。当出现压力高于上限或低于下限时，应立即检查空气压缩机和压缩空气系统，及时排除故障；

⑥定时巡检压缩气体过滤装置；

⑦卸灰时应检查卸、输灰装置的运行状况，发现异常及时处理；

⑧实时检查风机与电机的运行状况、轴承温度、油位和振动，发现异常及时处理；

⑨定时检查冷却系统的运行状态，发现问题及时处理；

⑩定时检查压力变送器取压管是否通畅，发现堵塞应及时处理；

⑪定时检查灰斗料位状况，当高料位信号报警后，应及时卸灰；

⑫观察排气筒排放状况。若滤袋破损，应及时处理或更换。

（4）停机

1）袋式除尘系统停机应按照下列顺序进行：

①引风机停机；

②压缩空气系统停止；

③清灰控制程序停止；

④除尘器卸、输灰系统停止；

⑤关闭除尘器进、出口阀门，开启旁路阀；

⑥电气、自控和仪表断电。

2）生产工艺停运过程中，袋式除尘系统应正常使用。生产设备停运后袋式除尘系统应继续运行 5～10 min，进行通风清扫。

3）对于短期停运（不超过四天）除尘器可不清灰，再次启动时可不进行预涂灰。

4）长期停运时，应对滤袋彻底清灰，并清输灰斗的存灰。再次启动时宜进行预涂灰。

5）袋式除尘器停运后，宜用空气置换内部烟气。袋式除尘器停运期间应关闭除尘器进出口阀门、引风机阀门、人孔门和检修门等。

6）停机状态下，冬季注意对除尘器灰斗保温。严寒地区长期停机时应放空冷却水和储气罐中的存水。

①当烟气温度出现突发性高温时，控制系统应报警。

②当烟气温度达到滤料最高许可使用温度时，应及时开启混风装置或喷雾降温系统；若生产工艺许可，引风机可紧急停运。

③如除尘系统烟道或设备内部发生燃烧或爆炸时，应紧急停运引风机，关闭除尘器进出口阀门，严禁通风。

④当生产设备发生故障需要紧急停运袋式除尘器时，应通过自动或手动方式立刻停止引风机的运行，同时关闭除尘器进、出口阀门。

7）未经当地环保主管部门许可，不得停止袋式除尘器运行。若因紧急事故停机时，应及时报告当地环保行政主管部门。

（5）检修与维护

1）除尘系统管道及设备上气割、补焊和开孔等维护检修必须在引风机停机状态下进行。

2）袋式除尘器运行状态下的检修和维护应符合下列规定：

①除尘器的检修宜在停机状态下进行。当生产工艺不允许停机时，可通过关闭某个过滤仓室进、出口阀门的措施来实现仓室离线检修；

②仓室离线检修时，应实行挂牌制度，并有专人安全监护。应采取措施防止检修人员进入除尘器后检修门自动关闭；

③仓室离线检修宜选择在生产低负荷状态下进行；

④过滤仓室进、出口阀门应处于完全关闭状态，并上机械锁；

⑤打开检修仓室的人孔门进行换气和冷却，当煤气、有害气体成分降至安全限度以下且温度低于 40℃时，人员方可进入；

⑥检修时应停止过滤仓室的清灰；

⑦及时更换破损滤袋。当破袋数量较少时，也可临时封堵袋口；

⑧脉冲阀检修可以在除尘器正常运行状态下实时进行。检修时临时关闭供气管路支路阀门即可；

⑨机械设备检修前，应切断设备的气源、电源，并挂合闸警示牌或设专人监护。

3）袋式除尘系统停运后的检修和维护应符合下列要求：

①关闭除尘器进出口阀门，打开除尘器本体和顶部的人孔门、检查门，进行通风换气和降温，温度降至 40℃以下方可进入。人员进入中箱体前，灰斗存灰应排空。

②检查每个过滤仓室的滤袋，若发现破损应及时更换或处理。检查喷吹装置，若发现喷吹管错位、松动和脱落应及时处理。反吹风袋式除尘器使用 1～2 个月后应调整滤袋吊挂的张紧度。

③检查进口阀门处的积灰、结垢和磨损情况，发现问题及时处理。

④检查滤袋表面粉尘层的状况，检查灰斗内壁是否存在积灰和结垢现象，发现问题及时解决。

⑤检查空气压缩机（罗茨风机）及空气过滤器，发现堵塞应及时更换或处理。

⑥检查机电设备的油位和油量，不符合要求时应及时补充和更换。

⑦检查喷雾降温系统喷头的磨损和堵塞状况，并及时处理。

⑧检查热工仪表一次元件和测压管的结垢、磨损和堵塞状况，发现问题及时处理。

⑨检查工作完成后，袋式除尘器内部应无遗留物，关闭所有检修人孔门，除尘器恢复待用状态。

4）备品备件应符合下列要求：

①袋式除尘系统备品备件包括滤袋、滤袋框架、脉冲阀、膜片、空压机空气过滤器、空压机机油等。

②滤袋及滤袋框架的备品数量不少于其总数的 5%；脉冲阀备品的数量不少于其总数的 5%，且不少于 2 个；脉冲阀膜片备品数量不少于其总数的 5%，且不少于 10 个；空压机空气过滤器备品不少于 1 个。

③当袋式除尘器运行至滤袋设计寿命前 3 个月时，用户应着手采购滤袋。

④备品备件应妥善保管在库房内，并做好台账。

5）更换的废旧袋式除尘器滤料应按照国家相关规定妥善处理。

附录 B 台账记录内容

TAIZHANG JILU NEIRONG

POPs

ZAISHENG YOUSE JINSHU
GONGYE POPs WURAN FANGZHI
ZHI DUOSHAO

表 B.1　再生有色金属排污单位基本信息表

单位名称	生产经营场所地址	行业类别		法定代表人	组织机构代码	统一社会信用代码	环保投资	环境影响评价审批意见文号[a]	竣工环保验收文号[b]	排污许可证编号[c]
		主行业类别	其他行业类别							

注：a 环境影响评价审批意见文号：对于有环境影响评价审批意见的排污单位，须列出环境影响评价审批意见文件文号或备案编号。

b 对于有“三同时”验收批复文件的排污单位，须列出批复文件文号。

c 再生有色金属排污单位基本信息表由排污单位申请排污许可证时进行填报，此后每年度更新统计一次，主要更新变更内容，并写入执行报告。

表 B.2　再生有色金属排污单位主要生产设施基本信息表

主要生产设施名称	生产设施编码	生产设施规格参数		主要产品种类
		处理量	氧化压缩空气量 / (m^3/h)	
阳极炉				阳极铜
NGL 炉				
卡尔多炉				
精炼窑炉				
……				

注：再生有色金属排污单位主要生产设施基本信息表由排污单位申请排污许可证时进行填报，此后每年度更新统计一次，主要更新变更内容，并写入执行报告。

表 B.3　再生有色金属排污单位治理设施基本信息表

<table>
<tr><th>废气治理设施名称</th><th>废气治理设施编码</th><th>废气治理工艺</th><th>排气筒高度</th><th>废气排放口位置</th><th>是否安装在线监测设施</th><th>在线监测指标</th></tr>
<tr><td></td><td></td><td></td><td></td><td>□经度
□纬度</td><td>□是
□否</td><td>□二氧化硫
□氮氧化物
□颗粒物
□其他</td></tr>
<tr><th>废水处理设施名称</th><th>废水处理设施编号</th><th colspan="2">废水治理工艺</th><th>废水排放口位置</th><th>排放去向</th><th>排放规律</th></tr>
<tr><td></td><td></td><td colspan="2"></td><td>□经度
□纬度</td><td>□外排
□不外排</td><td>□连续排放，流量稳定
□连续排放，流量不稳定，但有周期性规律
□间断排放，排放期间流量不稳定，但有周期性规律
□间断排放，排放期间流量不稳定，但有规律，且不属于非周期性规律
□其他</td></tr>
<tr><td colspan="7">注：再生有色金属排污单位治理设施基本信息表由排污单位申请排污许可证时进行填报，此后每年度更新统计一次，主要更新变更内容，并写入执行报告。</td></tr>
</table>

表 B.4　主要生产设施正常情况运行管理信息表

日期	主要生产设施名称	生产设施编码	运行状态[a]			燃料使用情况		生产负荷	产品及产量 /（t/h）	记录人
			开始时间[b]	结束时间[b]	是否正常	燃料名称	用量 /t 或万 m^3			
	阳极炉				□正常 □停炉（正常停炉、紧急停炉）	□天然气 □煤气 □重油 □煤			□阳极铜 ×t/h	
	NGL 炉									
	卡尔多炉									
	精炼窑炉									
	……									

注：a 运行状态填写正常运行与停炉两种状态，停炉包括正常生产过程中的正常停炉和故障状态下的紧急停炉，正常停炉不需要单独记录，非正常状态紧急停炉发生时要按次记录。

b 开始时间、结束时间为记录频次内的起始时刻。

表 B.5　原辅料采购情况表

年　月　日　　　　　　　　　　　　　　　　　　　　记录人：

种类	名称	采购量	采购时间	来源地	原料品味 /%	硫元素占比 /%	其他有毒有害物质占比 /%[a]
原料							
辅料							

注：a 其他有毒有害物质，主要指铅、砷、镍、铬、汞、锑、镉等重金属及其化合物。

表 B.6　燃料采购情况表

年　　月　　日　　　　　　　　　　　　　　　　　　　　记录人：

<table>
<tr><th colspan="2">燃料名称[a]</th><th>采购量</th><th>采购时间</th><th>来源地</th><th>灰分[b]</th><th>硫分</th><th>挥发分[b]</th><th>热值[c]</th></tr>
<tr><td>固态燃料及罐装燃料</td><td></td><td></td><td></td><td></td><td></td><td></td><td></td><td></td></tr>
<tr><td colspan="2">燃料名称</td><td>采购量</td><td colspan="2">采购时间（记录时间）[d]</td><td>来源地</td><td>硫分</td><td colspan="2">热值</td></tr>
<tr><td>液态燃料</td><td></td><td></td><td colspan="2"></td><td></td><td></td><td colspan="2"></td></tr>
<tr><td>气态燃料</td><td></td><td></td><td colspan="2"></td><td></td><td></td><td colspan="2"></td></tr>
</table>

注：a 此表仅填写排污单位生产所用燃料情况，不包含移动源（如车辆等）设施燃料使用情况。
b 灰分、挥发分仅固态燃料填写。
c 热值应按低位发热值记录。
d 气态燃料填写记录时间。

表 B.7　主要生产设施非正常情况记录信息表

<table>
<tr><th rowspan="2">日期</th><th rowspan="2">生产设施名称</th><th colspan="2">停炉状态</th><th rowspan="2">事件原因</th><th rowspan="2">是否排污</th><th rowspan="2">是否报告</th><th rowspan="2">记录人</th></tr>
<tr><th>开始时间</th><th>结束时间</th></tr>
<tr><td></td><td>□阳极炉
□ NGL 炉
□卡尔多炉
□精炼窑炉</td><td></td><td></td><td></td><td>□是
□否</td><td>□是
□否</td><td></td></tr>
</table>

注：主要生产设施记录信息表在故障状态下紧急停炉发生后要随时记录，按年度汇总。

表 B.8　废气污染治理设施正常情况运行管理信息表

日期	治理设施名称	治理设施编码	运行状态			污染物排放情况				排放口烟气温度 /℃	副产物 / t	药剂情况[b]		
			开始时间	结束时间	是否正常	烟气量 / (m^3/h)	污染物项目	治理效率 /%	数据来源[a]			名称	添加时间	添加量 / (kg/d)
							二氧化硫							
							氮氧化物							
							颗粒物							
							其他							

注：a 指烟气量的数据来源，填写在线监测或手工检测。
b 药剂主要填写废气治理设施运行过程中添加的主要药剂，原则上每次记录，每日汇总。

表 B.9　废水污染治理设施正常情况运行管理信息表

日期	治理设施名称	治理设施编码	运行状态			污染物排放情况		污泥产生量	污泥处理处置方式[a]	药剂情况[b]		
			开始时间	结束时间	是否正常	污染物项目	排放去向			名称	添加时间	添加量 / (kg/d)
						化学需氧量						
						氨氮						
						……						

注：a 污泥处理处置方式包括转运、填埋、焚烧等。
b 药剂主要填写废水治理设施运行过程中添加的主要药剂，原则上每班次记录，每日汇总。

表 B.10　污染治理设施非正常情况记录信息表

日期	污染治理设施名称	非正常状态		污染物排放情况		事件原因	是否报告	应对措施	记录人
		开始时间	结束时间	污染物名称	排放浓度				
				大气污染物	mg/m^3		□是 □否		
				水污染物	mg/L				
注：治理设施非正常状态包括故障、事故、维护，故障是指设施故障需要停机维护；事故是指因事故造成的非正常排放，如脱硫塔着火事故；维护是指设备大修等。									

表 B.11　废气污染物排放情况手工监测分析结果记录信息表

采样日期		样品数量			采样方法		采样人姓名		
排放口编码	标况烟气量 /（m^3/h）	氧含量 /%	污染物项目	许可排放浓度 /（mg/m^3）	监测浓度（实测）/（mg/m^3）	监测浓度（折算）/（mg/m^3）	检测方法	是否超标	备注
			颗粒物						
			二氧化硫						
			氮氧化物						

表 B.12　固体废物记录信息表

收集情况					处置情况				贮存情况
日期	固体废物来源	固体废物名称	产生量	是否属于危险废物	出库日期	固体废物去向	处置量	委托单位名称	贮存量
				□是 □否					
					记录时间：		记录人：		审核人：

附录 C 年度执行报告具体内容

NIANDU ZHIXING BAOGAO
JUTI NEIRONG

POPs

ZAISHENG YOUSE JINSHU
GONGYE POPs WURAN FANGZHI
ZHI DUOSHAO

表 C.1　排污许可证执行情况汇总表

项目	内容				报告周期内执行情况	备注
1. 排污单位基本情况	（一）排污单位基本信息	单位名称			□变化 □未变化	
		注册地址			□变化 □未变化	
		邮政编码			□变化 □未变化	
		生产经营场所地址			□变化 □未变化	
		行业类别			□变化 □未变化	
		生产经营场所中心经度			□变化 □未变化	
		生产经营场所中心纬度			□变化 □未变化	
		统一社会信用代码			□变化 □未变化	
		技术负责人			□变化 □未变化	
		联系电话			□变化 □未变化	
		所在地是否属于重点区域			□变化 □未变化	
		主要污染物类别及种类			□变化 □未变化	
		大气污染物排放执行标准名称			□变化 □未变化	
		水污染物排放执行标准名称			□变化 □未变化	
		设计生产能力			□变化 □未变化	
	（二）产排污环节、污染物及污染治理设施	废气	a. 污染治理设施（自动生成）	污染物种类	□变化 □未变化	
				污染治理设施工艺	□变化 □未变化	
				排放形式	□变化 □未变化	
				排放口位置	□变化 □未变化	
			b. 污染治理设施（自动生成）	污染物种类	□变化 □未变化	
				污染治理设施工艺	□变化 □未变化	
				排放形式	□变化 □未变化	
				排放口位置	□变化 □未变化	
			……	……	□变化 □未变化	
		废水	a. 污染物治理设施（自动生成）	污染物种类	□变化 □未变化	
				污染治理设施工艺	□变化 □未变化	
				排放形式	□变化 □未变化	
				排放口位置	□变化 □未变化	
			b. 污染物治理设施（自动生成）	污染物种类	□变化 □未变化	
				污染治理设施工艺	□变化 □未变化	
				排放形式	□变化 □未变化	
				排放口位置	□变化 □未变化	
			……	……	□变化 □未变化	

项目	内容			报告周期内执行情况	备注
2. 环境管理要求	自行监测要求 ……	a. 排放口（自动生成）	监测设施	□变化 □未变化	
			自动监测设施安装位置	□变化 □未变化	
		b. 排放口（……）	监测设施	□变化 □未变化	
			自动监测设施安装位置	□变化 □未变化	
		……	……	□变化 □未变化	
注：对于选择“变化”的，应在“备注”中说明原因。					

表 C.2　排污单位基本信息表

序号	记录内容	名称		数量或内容	计量单位	备注
1	主要原料用量	原料 1（自动生成）				
		其他原料				
		……				
2	主要辅料用量	辅料 1（自动生成）				
		其他辅料				
		……				
3	能源消耗	能源类型（自动生成）	用量		%	
			硫分		%	
			灰分		%	
			挥发分			
			热值			
		……	……			
		蒸汽消耗量			MJ	
		用电量			kW·h	
		……				
4	生产规模	生产单元 1（自动生成） ……				

序号	记录内容	名称		数量或内容	计量单位	备注
5	运行时间	生产单元 1（自动生成）	正常运行时间		h	
			非正常运行时间		h	
			停产时间		h	
		……				
6	主要产品产量	产品 1（自动生成）				
		……				
7	取排水	取水量				
		废水排放量				
8	全年生产负荷				%	
9	污染防治设施计划投资情况（执行报告周期如涉及）	治理设施类型			—	
		开工时间				
		建成投产时间				
		计划总投资			万元	
		报告周期内累计完成投资			万元	
		……				
10	其他内容					

注 1. 排污单位应根据行业特征补充细化列表内相关内容。

2. 如与排污许可证载明事项不符的，在“备注”中说明变化情况及原因。

3. 如报告周期有污染治理投资的，填写 9 有关内容。

4. 列表中未能涵盖的信息，排污单位可以文字形式另行说明。

5. 能源类型中的用量，硫分、灰分、挥发分、热值原则上指报告时段内全厂各批次收到基燃料的加权平均值，以入场数据来衡量；排污单位也可使用入炉数据并在备注中说明。

6. 取水量指排污单位生产用水和生活用水的合计总量。

表 C.3　污染治理设施正常情况汇总表

<table>
<tr><th rowspan="2">序号</th><th rowspan="2">污染源</th><th colspan="5">污染防治设施</th><th rowspan="2">备注</th></tr>
<tr><th colspan="3">名称</th><th>数量</th><th>单位</th></tr>
<tr><td rowspan="10">1</td><td rowspan="10">废水</td><td rowspan="9">污染防治设施 1</td><td rowspan="9">污染防治设施编号</td><td>废水防治设施运行时间</td><td></td><td>h</td><td></td></tr>
<tr><td>污水处理量</td><td></td><td>t</td><td></td></tr>
<tr><td>污水回用量</td><td></td><td>t</td><td></td></tr>
<tr><td>污水排放量</td><td></td><td>t</td><td></td></tr>
<tr><td>耗电量</td><td></td><td>kW · h</td><td></td></tr>
<tr><td>× × 药剂使用量</td><td></td><td>kg</td><td></td></tr>
<tr><td>× × 污染物处理效率</td><td></td><td>%</td><td></td></tr>
<tr><td>运行费用</td><td></td><td>万元</td><td></td></tr>
<tr><td>……</td><td></td><td></td><td></td></tr>
<tr><td>……</td><td>……</td><td>……</td><td></td><td></td><td></td></tr>
<tr><td rowspan="20">2</td><td rowspan="20">废气</td><td rowspan="6">脱硫设施 1</td><td rowspan="6">污染防治设施编号</td><td>脱硫设施运行时间</td><td></td><td>h</td><td></td></tr>
<tr><td>脱硫剂用量</td><td></td><td>t</td><td></td></tr>
<tr><td>平均脱硫效率</td><td></td><td>%</td><td></td></tr>
<tr><td>脱硫固废产生量</td><td></td><td>t</td><td></td></tr>
<tr><td>运行费用</td><td></td><td>万元</td><td></td></tr>
<tr><td>……</td><td></td><td></td><td></td></tr>
<tr><td>……</td><td>……</td><td>……</td><td></td><td></td><td></td></tr>
<tr><td rowspan="6">脱硝设施 1</td><td rowspan="6">污染防治设施编号</td><td>脱硝设施运行时间</td><td></td><td>h</td><td></td></tr>
<tr><td>脱硝剂用量</td><td></td><td>t</td><td></td></tr>
<tr><td>平均脱硝效率</td><td></td><td>%</td><td></td></tr>
<tr><td>脱硝固废产生量</td><td></td><td>t</td><td></td></tr>
<tr><td>运行费用</td><td></td><td>万元</td><td></td></tr>
<tr><td>……</td><td></td><td></td><td></td></tr>
<tr><td>……</td><td>……</td><td>……</td><td></td><td></td><td></td></tr>
<tr><td rowspan="6">除尘设施 1</td><td rowspan="6">污染防治设施编号</td><td>除尘设施运行时间</td><td></td><td>h</td><td></td></tr>
<tr><td>平均除尘效率</td><td></td><td>%</td><td></td></tr>
<tr><td>除尘灰产生量</td><td></td><td>t</td><td></td></tr>
<tr><td>袋式除尘器清灰周期及换袋情况</td><td></td><td></td><td></td></tr>
<tr><td>运行费用</td><td></td><td>万元</td><td></td></tr>
<tr><td>……</td><td></td><td></td><td></td></tr>
</table>

序号	污染源	污染防治设施					备注
		名称			数量	单位	
2	废气	……	……	……			
		其他防治设施 1	污染防治设施编号	……			
		……	……	……			

注 1. 排污单位应根据行业特征细化列表中内容，如有相关内容则填写，如无相关内容则不填写。

2. 列表中未能涵盖的信息，排污单位可以以文字形式另行说明。

3. 其他防治设施中包括无组织等防治设施。

4. 污染物处理效率 / 平均脱硫效率 / 平均脱硝效率 / 平均除尘效率为报告周期内算术平均值。

5. 废水污染防治设施运行费用主要为药剂、耗电等材料的消耗费用，不包括人工、绿化、设备折旧和财务费用等；废气污染防治设施运行费用主要为脱硫 / 脱硝剂等物料及水、电等的消耗，不包括人工、绿化、设备折旧和财务费用等。

表 C.4　污染治理设施异常情况汇总表

污染防治设施编号	时段		故障设施	故障原因	各排放因子浓度		采取的应对措施
	开始时间	结束时间			（自行填写）	……	
废气防治设施[a]							
……	……	……	……	……	……	……	……
废水防治设施[b]							
……	……	……	……	……	……	……	……

注：a 如废气防治设施异常，排放因子填写二氧化硫、氮氧化物、烟尘等，排放浓度单位为 mg/m^3。

b 如废水防治设施异常，排放因子填写化学需氧量、氨氮等，排放浓度单位为 mg/L。

表 C.5　有组织废气污染物排放浓度监测数据统计表

排放口编号	污染物种类	监测设施	有效监测数据（小时值）数量	许可排放浓度限值 /（mg/m^3）	监测结果（折标，小时浓度，mg/m^3）			超标数据数量	超标率 / %	备注
					最小值	最大值	平均值			
自动生成	自动生成	自动生成		自动生成						
	……	……		……						
……	……	……		……						

注 1. 若采用手工监测，有效监测数据数量为报告周期内的监测次数。
2. 若采用自动和手工联合监测，有效监测数据数量为两者有效数据数量的总和。
3. 超标率是指超标的监测数据个数占总有效监测数据个数的比例。
4. 监测要求与排污许可证不一致的原因以及污染物浓度超标原因等，可在“备注”中进行说明。

表 C.6　无组织废气污染物排放浓度监测数据统计表

序号	监测点位 / 设施	生产设施 / 无组织排放编号	监测时间	污染物种类	许可排放浓度限值 /（mg/m^3）	浓度监测结果（折标，小时浓度，mg/m^3）	是否超标及超标原因	备注
1	自动生成	自动生成		自动生成	自动生成			
		……		……	……			
……	……	……		……	……			

表 C.7　废水污染物排放浓度监测数据统计表

排放口编号	污染物种类	监测设施	有效监测数据（日均值）数量	许可排放浓度限值 /（mg/L）	浓度监测结果（日均浓度，mg/L）			超标数据数量	超标率 / %	备注
					最小值	最大值	平均值			
自动生成	自动生成	自动生成		自动生成						
	……	……		……						
……	……	……		……						

注 1. 若采用手工监测，有效监测数据数量为报告周期内的监测次数。
2. 若采用自动和手工联合监测，有效监测数据数量为两者有效数据数量的总和。
3. 超标率是指超标的监测数据个数占总有效监测数据个数的比例。
4. 监测要求与排污许可证不一致的原因以及污染物浓度超标原因等，可在“备注”中进行说明。

表 C.8　非正常工况有组织废气污染物浓度监测数据统计表

起止时间	排放口编号	污染物种类	有效监测数据（小时值）数量	许可排放浓度限值 /（mg/m^3）	浓度监测结果（折标，小时浓度，mg/m^3）			超标数据数量	超标率 / %	备注
					最小值	最大值	平均值			
	自动生成	自动生成								
		……		……						
	……	……		……						

注 1. 若采用手工监测，有效监测数据数量为报告周期内的监测次数。
2. 若采用自动和手工联合监测，有效监测数据数量为两者有效数据数量的总和。
3. 超标率是指超标的监测数据个数占总有效监测数据个数的比例。
4. 监测要求与排污许可证不一致的原因以及污染物浓度超标原因等，可在“备注”中进行说明。

表 C.9　非正常工况无组织废气污染物浓度监测数据统计表

起止时间	生产设施 / 无组织排放编号	监测时间	污染物种类	监测次数	许可排放浓度限值 / （mg/m^3）	浓度监测结果（折标，小时浓度，mg/m^3）	是否超标及超标原因	备注
	自动生成		自动生成		自动生成			
	……		……		……			
	……		……		……			

表 C.10　特殊时段有组织废气污染物监测数据统计表

记录日期	排放口编号	污染物种类	监测设施	有效监测数据（小时值）数量	许可排放浓度限值 / （mg/m^3）	浓度监测结果（折标，小时浓度，mg/m^3）			超标数据数量	超标率 / %	备注
						最小值	最大值	平均值			
	自动生成	自动生成	自动生成		自动生成						
		……	……		……						
	……	……	……		……						

注 1. 若采用手工监测，有效监测数据数量为报告周期内的监测次数。

2. 若采用自动和手工联合监测，有效监测数据数量为两者有效数据数量的总和。

3. 超标率是指超标的监测数据个数占总有效监测数据个数的比例。

4. 监测要求等与排污许可证不一致，或超标原因等，可在“备注”中进行说明。

表 C.11　台账管理情况表

序号	记录内容	是否完整	说明
	自动生成	□是 □否	
	……	□是 □否	
	……	□是 □否	

表 C.12　废气污染物实际排放量报表（季度报告）

排放口类型	排放口编号	月份	污染物种类	许可排放量/t	实际排放量[b]/t	是否超标及超标原因[b]	备注
有组织废气主要排放口	自动生成		自动生成				
			……				
			自动生成				
			……				
			自动生成				
			……				
		季度合计	自动生成				
			……				
	……	……	……				
其他合计[a]			自动生成				
			……				
			自动生成				
			……				
			自动生成				
			……				
		季度合计	自动生成				
			……				
全厂合计			自动生成				
			……				
			自动生成				
			……				
			自动生成				
			……				
		季度合计	自动生成				
			……				

注：a 其他合计指除主要排放口以外的污染物实际排放量合计，如一般排放口、无组织以及其他排放情形等。

b 如排污许可证未规定季度 / 月度许可排放量要求，可不填写。

表 C.13　废水污染物实际排放量报表（季度报告）

排放口类型	排放口编号	月份	污染物种类	许可排放量/t	实际排放量[b]/t	是否超标及超标原因[b]	备注
主要排放口	自动生成		自动生成				
			……				
			自动生成				
			……				
			自动生成				
			……				
		季度合计	自动生成				
			……				
	……	……	……				
一般排放口合计[a]			自动生成				
			……				
			自动生成				
			……				
			自动生成				
			……				
		季度合计	自动生成				
			……				
全厂合计			自动生成				
			……				
			自动生成				
			……				
			自动生成				
			……				
		季度合计	自动生成				
			……				

注：a 一般排放口合计指除主要排放口以外的污染物实际排放量合计，如一般排放口、无组织排放（如有）、其他排放情形（如有）等。

b 如排污许可证未规定季度/月度许可排放量要求，可不填写。

表 C.14　废气污染物实际排放量报表（年度报告）

排放口类型	排放口编号	季度	污染物种类	许可排放量/t	实际排放量[b]/t	是否超标及超标原因[b]	备注
有组织废气主要排放口	自动生成	第一季度	自动生成				
			……				
		第二季度	自动生成				
			……				
		第三季度	自动生成				
			……				
		第四季度	自动生成				
			……				
		年度合计	自动生成				
			……				
	……	……	……				
其他合计[a]		第一季度	自动生成				
			……				
		第二季度	自动生成				
			……				
		第三季度	自动生成				
			……				
		第四季度	自动生成				
			……				
		年度合计	自动生成				
			……				
全厂合计		第一季度	自动生成				
			……				
		第二季度	自动生成				
			……				
		第三季度	自动生成				
			……				
		第四季度	自动生成				
			……				
		年度合计	自动生成				
			……				

注：a 其他合计指除主要排放口以外的污染物实际排放量合计，如一般排放口、无组织排放（如有）、其他排放情形（如有）等。

b 如排污许可证未规定季度 / 月度许可排放量要求，可不填写。

表 C.15　废水污染物实际排放量报表（年度报告）

排放口类型	排放口编号	季度	污染物种类	许可排放量 /t	实际排放量[b]/t	是否超标及超标原因[b]	备注
主要排放口	自动生成	第一季度	自动生成				
			……				
		第二季度	自动生成				
			……				
		第三季度	自动生成				
			……				
		第四季度	自动生成				
			……				
		年度合计	自动生成				
			……				
	……	……	……				
一般排放口合计[a]		第一季度	自动生成				
			……				
		第二季度	自动生成				
			……				
		第三季度	自动生成				
			……				
		第四季度	自动生成				
			……				
		年度合计	自动生成				
			……				
全厂合计		第一季度	自动生成				
			……				
		第二季度	自动生成				
			……				
		第三季度	自动生成				
			……				
		第四季度	自动生成				
			……				
		年度合计	自动生成				
			……				

注：a 一般排放口合计指除主要排放口以外的污染物实际排放量合计，如一般排放口、无组织排放（如有）、其他排放情形（如有）等。

b 如排污许可证未规定季度 / 月度许可排放量要求，可不填写。

表 C.16　特殊时段废气污染物实际排放量报表

重污染天气应急预警期间等特殊时段							
日期	废气类型	排放口编号 / 设施编号	污染物种类	许可日排放量 /kg	实际日排放量 /kg	是否超标及超标原因	备注
	有组织废气	自动生成	自动生成				
			……				
		……	……				
	无组织废气	自动生成	自动生成				
			……				
		……	……				
	全厂合计		自动生成				
			……				
冬防等特殊时段							
月份	废气类型	排放口编号 / 设施编号	污染物种类	许可月排放量 /kg	实际月排放量 /kg	是否超标及超标原因	备注
	有组织废气	自动生成	自动生成				
			……				
		……	……				
	无组织废气	自动生成	自动生成				
			……				
		……	……				
	全厂合计		自动生成				
			……				

注：如排污许可证未规定特殊时段日许可排放量要求，可不填写。

表 C.17　废气污染物超标时段小时均值报表

日期	时间	生成设施编号	排放口编号	超标污染物种类	实际排放浓度（折标，mg/m^3）	超标原因说明

表 C.18　废水污染物超标时段日均值报表

日期	时间	排放口编号	超标污染物种类	实际排放浓度 /（mg/L）	超标原因说明

表 C.19　信息公开情况报表

序号	分类	执行情况	是否符合排污许可证要求	备注
1	公开方式		□是　□否	
2	时间节点		□是　□否	
3	公开内容		□是　□否	
……	……	……	……	
注：信息公开情况不符合排污许可证要求的，在“备注”中说明原因。				